Sea usted una computadora humana

Sea usted una computadora humana

Jaime García Serrano

www.librosenred.com

CDD 612.82   García Serrano, Jaime
                Sea usted una computadora humana. – 1a. ed.–
                Buenos Aires : Libros en Red, 2004.
                260 p. ; 22x14cm. – (Educación)

                ISBN 987-561-086-0

                1. Memoria - Desarrollo. I. Título

Dirección General: Marcelo Perazolo
Dirección de Contenidos: Ivana Basset
Diseño de Tapa: Patricio Olivera
Armado de Interiores: Vanesa L. Rivera

Primera edición en español - Impresión bajo demanda

ISBN: 987-561-086-0
Hecho el depósito que marca la ley 11.723

Para encargar más copias de este libro o conocer otros libros de esta colección visite www.librosenred.com

Prólogo

Hace dos años llegó a la redacción de "El Tiempo" un hombre joven 24 años aproximadamente y la Jefatura de Redacción me encargó de atenderlo. Se llamaba Jaime García Serrano.

Era un hombre tímido, de apariencia normal, de pocas palabras. Venía al periódico y después de haber asombrado al público en colegios, universidades y fábricas. Y venía también con la experiencia de varias presentaciones en televisión, donde Pacheco, Virginia Vallejo, José Fernández Gómez y Alfonso Castellanos, entre otros, se asombraron por lo que este muchacho podía hacer en cuanto a los cálculos mentales.

"Yo le gano a una computadora", dijo con la sencillez de quien sabe que es verdad lo que está diciendo. Mi primera impresión fue la de que estaba frente a un farsante. En alguna parte debería radicar el truco, según pensé en aquel momento. Y para curarme en salud porque en periodismo hay que estar alerta contra toda clase de celadas publicitarias lo reté a que comprobara su afirmación presentándose en la sala de computadoras de "El Tiempo" y delante de los técnicos de la empresa.

Jaime García no vaciló un momento. Se programaron las computadoras para realizar operaciones de raíces cuadradas, cúbicas, terceras y cuartas, logaritmos y toda la gama de recursos de esos maravillosos aparatos. Jaime García resolvió todos los problemas que se le plantearon, y suministró las soluciones en fracciones de segundo, aun antes de que el portentoso cerebro electrónico diera las soluciones.

Era cierto.

De ahí en adelante se hizo la charla de rigor con este fenómeno humano, Charlamos con él varias horas y de la conversación salió el reportaje que se publicó oportunamente en el periódico.

Sin embargo, de la entrevista surgió algo más que el reportaje. Jaime García me explicó el origen de su destreza en los cálculos mentales. Me dijo que cuando era un niño y estaba en la escuela, la maestra explicó a los alumnos que para multiplicar por diez bastaba solamente agregar un cero a la derecha.

Jaime García se dijo que si se podía simplificar la multiplicación por diez, en matemáticas deberían existir otros recursos que facilitaran las diferentes operaciones. Y se puso a trabajar en ello.

Meses después, Jaime García tenía asombrados a compañeros de estudio y profesores. Las tareas sobre matemáticas la solucionaba en cuestión de segundos, y mientras sus condiscípulos "se clavaban" sobre los cuadernos para realizar los deberes, Jaime se dedicaba a la práctica de deportes. Por las noches, sin embargo, se encerraba en el cuarto de su casa en Málaga (Santander), para tratar de perfeccionar nuevas técnicas.

Esa dedicación lo condujo, años más tarde, a convertirse en lo que la gente llama "una computadora humana".

El mismo día de la entrevista, Jaime García me explicó cuáles eran los sistemas que él había descubierto y que utilizaba para maravillar a todo el mundo. Eran tan sencillos que en cuestión de minutos yo estaba sacando ya raíces cúbicas y cuadradas, logaritmos y otras misteriosas operaciones, en cuestión de segundos. Para ello tenía que recurrir a sencillas tablas que el mismo García me suministró.

Le manifesté entonces que en mi concepto no tenía sentido la acumulación de tantos conocimientos en provecho de una sola persona, y que todo ese saber debería ser compartido con los demás.

Jaime tenía una idea diferente a la mía, porque consideraba que el ser una computadora humana única, le garantizaba un medio de vida a través de sus presentaciones públicas. Le dije, sin embargo, que podía pensarlo todo el tiempo que quisiera y que si decidía entregar sus conocimientos a los demás, yo estaba dispuesto a colaborarle en todo lo que estuviera a mi alcance. Por su parte, García manifestó su satisfacción por la forma en que, según él, yo había captado su sistema y aplicado sus normas para solucionar difíciles problemas matemáticos. Pero por el momento, no quedamos en nada.

Dos años más tarde y cuando ya me había olvidado del asunto, llegó otra vez Jaime García hasta mi escritorio de "El Tiempo". "Vengo a buscarlo para que escribamos un libro. Voy a enseñar a todo el mundo lo que sé", me dijo.

Durante dos meses trabajamos conjuntamente en el ordenamiento de las ideas, escogiendo la forma literaria que debíamos adoptar para que el libro se constituyera en una pieza de mucho valor didáctico. El resultado final es el libro que ahora tienen los lectores en la mano.

La obra se divide en dos partes. En la primera un sistema nemotécnico al alcance de cualquier persona medianamente inteligente. Ese capítulo es el punto de apoyo para aplicar la técnica nemotécnica a la solución de complejos problemas matemáticos. La utilización combinada de las dos partes del trabajo que hoy entregamos le garantizará a los estudiantes un éxito indudable en disciplinas tan espectaculares como las que Jaime García exhibe con frecuencia ante el público en la televisión colombiana, en escuelas, colegios, universidades y diferentes lugares de trabajo.

Sin embargo, y para mayor comprensión, debe advertirse que quienes no disfruten del tiempo suficiente para el aprendizaje sistemático de la obra, simplemente pueden reunir a las tablas que presenta el libro para solucionar los problemas aritméticos mediante el expediente de la simple consulta.

Por fortuna, no llegó solamente hasta la elaboración de este libro el haberme entrevistado con Jaime García. En medio de la preparación de la obra surgieron ideas que producirán a mediano plazo otras realizaciones positivas para facilitar el aprendizaje al estudiante colombiano. García, efectivamente, está trabajando con mucho éxito en el descubrimiento de sistemas que le permiten aplicar su curso de nemotecnia al estudio de la ortografía, de la geografía, de la historia, de la física y de otras importantes disciplinas. Ese estudio de García nos permitirá la elaboración de otros libros sobre cada uno de esos temas que aparecerán en lo que será una colección muy completa en este campo, y de la cual este libro constituye la primera entrega.

Entiendan pues los lectores que tienen a su alcance en este momento un camino fácil para convertirse, como Jaime García, en computadoras humanas. Esto se logró porque el descubridor de tan revolucionarios sistemas de cálculo se despojó de todo egoísmo y decidió poner al alcance de todas las personas, métodos asequibles que harán más productivo el esfuerzo de estudio que adelanten los colombianos. "Tener esos conocimientos escondidos es en verdad un crimen", ha dicho Jaime García. Y el resultado final de esta reflexión es el de que, por medio de los métodos por él descubiertos, para los colombianos, ya no serán un misterio los problemas matemáticos, ni una agotadora tarea el solucionarlos, como sucedía cuando García guardaba sus métodos como un tesoro.

Humberto Diez V.

Cuando el público se asombra en mis presentaciones en universidades y colegios, o en la televisión nacional, y clama que está frente a un genio, ante un cerebro privilegiado, yo no puedo menos que sonreír con agradecimiento por tanta bondad.

Y digo "bondad", porque en realidad yo no soy ningún genio, ni tengo una computadora en el cerebro, ni vengo de otro planeta. Nada de eso.

Simplemente descubrí desde cuando era niño que el hombre tiene una cantidad de recursos que puede utilizarlos usted, querido lector, y puede utilizarlos su señora, sus hijos, sus compañeros de oficina y todo el mundo, y dar la apariencia de ser un genio... sin los compromisos que trae el ser genio de verdad. Sencillamente, usted puede usar sus condiciones actuales para ganarle, como yo, a una computadora... para ganarle, como yo, a matemáticos canosos, "con las pestañas quemadas", como se dice..., sólo que usted no tiene que quemarse las pestañas, sino simplemente seguir al pie de la letra mis experiencias, mis consejos, mis sencillas instrucciones, para llegar a ser en pocos días una especie de computadora humana.

Para llegar hacer lo que en el párrafo anterior definí como "una especie de computadora humana", los lectores no necesitan ni altos índices de inteligencia, ni ser superdotados en ninguna actividad, ni "descubrir el agua tibia", como dice la gente por ahí. Se trata nada más, pero tampoco nada menos, de aprender unas sencillas reglas, unos cuadros prefabricados por mí y que, aplicados en la forma correcta, le darán unos resultados que nunca antes se había imaginado.

Mis enseñanzas pueden servirle para muchas cosas, empezando por las más sencillas. Usted puede convertirse en el centro de atracción de reuniones sociales en las que la gente se asombrará de lo que puede hacer usted con su cerebro. Pero, ahondando un poco más en las disciplinas que voy a enseñarle, puede aplicar lo que conmigo aprenda a todas las actividades de la vida.

Mis principios se basan en lo que los psicólogos llaman la nemotecnia. Ese es mi principio. Y este principio, bien aplicado, puede darle resultados asombrosos en cualquier disciplina, llámese universitaria o denomínese de trabajo.

Yo dediqué mi disciplina a los números, porque los números me gustan. Pero puede aplicarse lo que voy a enseñarle, a la química, a la física, a la geografía, a la historia, a cualquier actividad. Lo único que le pido es que se deje llevar de la mano por un camino sencillo y fácil, y que lo que aprenda lo aproveche en bien suyo y de la humanidad. Es todo lo que pido...

Por lo pronto, y deponiendo las armas del orgullo y la soberbia, debo confesar en un acto de humildad intelectual, que lo que voy a predicar en estas páginas no ha sido descubierto por mí. Desde los más antiguos recodos de la historia, los grandes filósofos han pregonado que la inteligencia no es privilegio de unos pocos, sino fortuna de todos. Todos podemos llegar a ser inteligentes, a utilizar un porcentaje mayor del cerebro que nos entregó Dios para usarlo en la medida en que nos esforcemos. No es un descubrimiento mío, y en el aspecto contemporáneo puedo decirles que un intelectual venezolano está revolucionando la educación de su país con la misma teoría que abona mis experiencias. El doctor Alberto Machado afirma en sus obras que el hombre tiene que enfrentarse al reto del mundo cambiante que vivimos y que, para no quedarse rezagado en este deslumbrante camino del progreso, tiene que "aprender a aprender", y que el hombre puede aprender a ser más inteligente. Voy a demostrar cómo y por qué...

Yo supe de las teorías del doctor Machado hace unos seis o siete años. Este profesional venezolano vino en aquella ocasión a nuestro país y a través de entrevistas de prensa y radio afirmó su teoría de que cualquiera puede "aprender a ser inteligente".

Por aquella época, algunos sonrieron con escepticismo, y sin rodeos afirmaron que este señor debía estar loco.

Casi siete años después, sin embargo, el profesor Machado regresó a nuestro país en un momento en que ya había logrado demostrar que no estaba loco, y que se puede aprender a ser inteligente y "aprender a aprender".

¿Por qué sucedió esto? Sucedió porque Machado tenía toda la razón. En su patria escribió varios libros que le han dado la vuelta al mundo y emitió en sus obras teorías que han tenido aplicación práctica y han demostrado su bondad. En Venezuela, hace varios años el entonces presidente de aquel país Luis Herrera Campins conoció la obra de Machado y lo llamó a colaborar con su gobierno en las tareas de la educación. Pero no lo llamó de cualquier manera, como un simple colaborador, sino que creó para él expresamente un ministerio. Esa cartera es el Ministerio de Estado para el Desarrollo de la Inteligencia.

Ya como un acto de gobierno, las teorías de Machado que en síntesis son las mismas. Que yo por mi cuenta también había descubierto casi desde que era niño están siendo aplicadas en

Venezuela a todos los niveles. El resultado es que los estudiantes venezolanos, en este momento, presentan índices de rendimiento y niveles intelectuales superiores a los que ostentaban hace tres o cuatro años.

El campo concreto en el que yo aplico mi sistema es básicamente en el de los números, en el cálculo, en las matemáticas en general. Algunos dirán: ¿para qué aprender un sistema de cálculos que requiere esfuerzo, cuando tenemos a nuestro alcance la calculadora, que hace por nosotros, en cuestión de segundos, cualquier cálculo aritmético y nos resuelve fácilmente los problemas de números que se nos presentan?

Mi respuesta es precisamente un ataque a la calculadora como instrumento PERMANENTE en la solución de problemas aritméticos. Efectivamente, además de que su uso conlleva lagunas insalvables para el estudiante en el manejo de operaciones que por ningún momento debe dejar de saber, la calculadora y su uso PERMANENTE trae como consecuencia resultados altamente negativos.

En primer término debemos de hablar de una especie de pereza mental que se apodera de los "matemáticos de calculadora". Su utilización trae como consecuencia una relajación de la capacidad de esfuerzo cerebral, desacostumbra al usuario del esfuerzo creador y tonificante y lo amodorra justamente por la molicie que produce la comodidad. En esta forma, las demás facultades relacionadas con otras materias y disciplinas también se atrofian y el resultado final es un mediocre rendimiento general en todas las demás áreas.

Lo anterior puedo corroborarlo con testimonios que he recibido durante las charlas que suelo sostener con los asistentes a mis conferencias y demostraciones. Voy a contarles uno de mis testimonios.

En una universidad de Bogotá se me acercó una noche un padre de familia y me relató su problema. Me dijo que su hijo mayor, un muchacho despierto e inteligente, había conservado hasta hacía algún tiempo el liderato como el mejor estudiante de bachillerato de su colegio durante cuatro años, llegó cualquier día a la resolución de utilizar la calculadora para resolver sus deberes de matemáticas. Creía que en esta forma podía dedicar más tiempo al estudio de otras materias. Efectivamente, compró una calculadora y empezó a utilizar con tal objeto. Pero entonces se inició un fenómeno inexplicable hasta aquel momento en un joven que había estado a la vanguardia de decenas de condiscípulos durante años. Porque, aunque en matemáticas con la ayuda de la calculadora conservó los niveles que traía de años atrás, el rendimiento en otras materias empezó a bajar considerablemente. Hasta el punto de que el quinto año de bachillerato estuvo a punto de perderlo por bajo rendimiento académico general.

¿Qué había sucedido, en qué consistía este desbarajuste en el rendimiento del muchacho?, Fue la pregunta que me hizo el angustiado padre, quien me solicitó al mismo tiempo un consejo. Le explique que el uso del aparatico aquel le había debilitado los mecanismos de atención y de esfuerzo en relación con otras disciplinas. Y que si se quería que su hijo regresara a la tónica anterior debía aconsejarle que abandonara las prácticas de calculadora y se dedicara de nuevo a fortalecer su atención, su inventiva, su creatividad, por medio del esfuerzo mental y disciplinado que implica la resolución de los problemas matemáticos por medio del sistema tradicional y clásico de practicar por sí mismo todas las operaciones necesarias en el arte de los números.

El padre del joven atendió mi consejo y lo trasmitió a su hijo, quien, según me lo comunicó aquel señor meses más tarde, abandonó la calculadora, recuperó su posición como primer estudiante de bachillerato de su colegio, y todo para él volvió a la normalidad.

Debo advertir, sin embargo, que los anteriores conceptos no son solamente míos. Han sido expresados por filósofos, por pensadores, por educadores y por intelectuales de todos los países. En nuestro medio, por ejemplo, el catedrático y escritor Antonio Panesso Robledo se ha expresado así sobre este tema en uno de sus artículos periodísticos:

"El exceso de facilidades para la vida destruye los instintos creadores y acaba con las defensas fisiológicas. La caries y la piorrea, las cuales aparecieron con los alimentos blandos, como el maíz, no existían cuando el hombre se alimentaba de raíces y yerbas. La calculadora, con mayor razón la computadora electrónica, es el gran enemigo de facultades mentales que se cultivan con el ejercicio, con el cálculo mental. Muchos niños no pueden ahora realizar las operaciones más elementales sin la ayuda de su aparatico de bolsillo, un invento útil, pero que se puede convertir en vicio nefasto.

No se sabe ninguna reacción de nuestros maestros, educadores, pedagogos y funcionarios del Ministerio de Educación o de las universidades sobre este fenómeno. Cuando se dispone de una computadora electrónica para obtener un dato cualquiera, el primer efecto, más o menos lento, pero inevitable, es la pérdida gradual de la memoria por falta de ejercicio. Por eso no es tan malo como se cree el hábito de que los niños aprendan de memoria ciertos textos, como poemas apropiados y las tablas de multiplicar. El memorismo es mal método aplicado a la cultura de análisis: un niño no debe, por ejemplo, aprender la historia recitándola al pie de la letra, y ni siquiera el catecismo, costumbre que se tuvo mucho tiempo. Pero la memoria debe ejercitarse no sólo en la escuela sino en toda la vida, ejercicios que empiezan con los números de teléfonos de las vecinas bonitas y finalmente terminan con los números de los pagarés que se deben al Banco Nacional. Pero ahora ni siquiera los políticos escriben sus memorias. Las han olvidado".

Mi método para llegar a ser una computadora humana, como se ha bautizado el público, se basa justamente en el cultivo de la memoria, a través de técnicas de nemotecnia que voy a explicar a lo largo de este libro de la manera más sencilla posible y que llegue fácilmente al entendimiento de cualquier persona normal. Yo llevaré de la mano, paso a paso, a quienes a través de esta obra se conviertan en mis alumnos, y les aseguro de que casi sin darse cuenta y, obviamente, si siguen con interés las instrucciones dadas en cualquier momento empezarán a advertir que su capacidad de memorización se ha multiplicado por mil, que lo que antes les parecía imposible empiezan a hacerlo casi automáticamente, y que están casi al borde de convertirse en computadoras humanas.

Este objetivo final, naturalmente, se cumplirá luego de una perfecta disciplina, de la práctica constante de lo que conmigo aprendan y, sobre todo, como consecuencia de un deseo sincero, fuerte, rotundo, definitivo, de lograr estas metas.

Estos objetivos, debo decirlo de una vez y con toda franqueza, no son para espíritus débiles, ni para hombres perezosos, ni para inconstantes, ni para desconfiados en sí mismos. Son metas que logran solamente los espíritus duros, los hombres con voluntad de salir adelante y de transformarse de mediocres en brillantes. Son metas para el hombre de hoy, enfrentando a un mundo lleno de retos, de obstáculos, de transformaciones permanentes que lo dejarían a la zaga, derrotado, si no se pone al día y ejercita con pleno derecho las facultades insospechadas que le dio la naturaleza.

Puedo decir a todos los que me sigan hasta el final, que pertenecen a aquella clase de hombres que entienden la vida como una experiencia inigualable en la que por sí mismos pueden llegar a utilizar una enorme proporción de sus condiciones mentales, usadas apenas a medias por la casi totalidad del género humano. Sin exagerar puedo decirles que si perseveran en las disciplinas de la memoria pueden llegar a ser casi como unos superhombres mentales.

Ahí les queda la inquietud, y en las páginas que siguen encontrarán los medios para lograrlo.

Mi método es sencillo. A grandes rasgos consiste en la sistematización de la memoria por medio de una serie de palabras-claves que sirven como herramienta para la asociación de ideas...

Esas palabras que voy a entregarles pueden ser cambiadas de acuerdo con el temperamento y con el medio en que se desenvuelvan cada uno de los alumnos. Sin embargo, una vez adoptadas deben ser utilizadas sistemáticamente de manera permanente para que la asociación de ideas llegue a ser una estructura fija que los oriente de manera automática en la técnica de recordar palabras, cifras, nombres, teléfonos, fórmulas, etcétera.

Lo anterior en cuanto a la memorización en sí misma. Pero hay que advertir que no se trata solamente de tener una buena memoria por tenerla. Se trata de aplicarla en la elaboración mental de fórmulas matemáticas complejas. De manera, entonces, que la memorización será la herramienta para coronar disciplinas más avanzadas en el campo de la computación mental de logaritmos, funciones, raíces, factoriales, inversas y otras de altas matemáticas.

Tienen pues en sus manos el instrumento para coronar la meta de convertirse en computadoras humanas. Lo que sigue es su esfuerzo, su confianza en sí mismo y la voluntad de llegar a serlo. Sólo me queda manifestarles mi deseo de que cada uno de los lectores saque el máximo provecho de esta obra que no es un trabajo improvisado sino el resultado del esfuerzo de muchos años y de mi decisión de que lo que por mí mismo logré con investigaciones muy largas, se convierta en un beneficio común para bien de la colectividad colombiana y en general de todos nuestros hermanos en el planeta, porque ellos son compañeros de viaje por la vida con los que debemos compartir todas las cosas positivas y provechosas que nos brindó la Creación.

Concentración

El Diccionario de la Real Academia Española define la palabra "Concentración" como la "acción y efecto de concentrar y concentrarse" y a la de CONCENTRAR le da las siguientes definiciones:

Fijar la atención con intensidad.

Concentrar los esfuerzos.

Concentrar una solución.

Aumentar la concentración.

Esto significa, sin ninguna duda, que la Concentración es básica para poder alcanzar los máximos objetivos, y que sin ella, es difícil obtenerlos.

Las matemáticas y sus ejercicios, contra lo que la mayoría piensa, no son difíciles y únicamente requieren de la máxima concentración para que el común de las gentes pueda lograr beneficiosos resultados.

La experiencia me ha enseñado que algo que aprendí de niño, la concentración, es con el correr de los años la herramienta que permite el manejo fácil y justo de las cosas y, de manera especial, el desarrollo y la obtención de la respuesta acertada cuando se trata de realizar un ejercicio matemático.

El ser humano, desde pequeño, cuando inicia su aprendizaje, se va encontrando con las lógicas dificultades. Y muchas veces piensa que no podrá superarlas y llega a ver un panorama tan negro, que le arrastra hacia el pesimismo.

Es entonces cuando la Concentración debe surgir de manera intensa y espontánea para convencerle que toda dificultad es superable; es, precisamente el momento de concentrar los esfuerzos, de aumentar la concentración para alcanzar una solución.

Concentración es, como vemos, una de las palabras que mejor define el Diccionario. Y ella está, queramos o no, involucrada con nosotros en todos y cada uno de nuestros actos.

Para concentrarnos, desde luego, debemos tener voluntad. Sin voluntad, no podemos concentrarnos, como tampoco alcanzar objetivos precisos y concretos.

Para nadie es un misterio que la gran mayoría de las personas piensa que las Matemáticas constituyen una de las materias más difíciles de aprender. Y muchas veces se dice, en alta voz, que para poder dominarlas se necesita ser un "genio" o tener un "don especial".

Ninguna las dos consideraciones o creencias puede considerarse como absolutamente ciertas, porque las matemáticas son, como cualquier otra ciencia, "DIGERIBLES Y ENTEN-

DIBLES" para todos los humanos. Únicamente se requiere de un aliado vital para lograr su entendimiento y comprensión: la CONCENTRACIÓN.

El lector observará que insisto mucho y frecuentemente en recomendar que se deje un lugar preferencial para la concentración en la mente humana.

Lo hago, tan machaconamente y con calculada insistencia, porque he podido comprobar personalmente que ha sido vital contar con ella y alcanzar las metas que me propuse, desde muy joven.

Todos en la vida tenemos un "gran amor". Ese "amor platónico" que nos hace soñar con muchísima ilusión y edificar tantos y tan hermosos "castillos en el aire" y que luego, con insistencia y perseverancia, podemos verlos convertidos en la realidad.

Yo les propongo que todos ustedes, queridos lectores, fomenten ese "amor platónico" en torno a las matemáticas, esa disciplina que, mediante el razonamiento deductivo, estudia las propiedades de los entes

abstractos (números, figuras geométricas, etc.), así como las relaciones que se establecen entre ellos.

Concéntrense en ellas; estúdienlas con mucha, con muchísima concentración y ese "amor platónico" se convertirá en una plena realidad, a la vez que podrán comprobar que son fáciles de entender y manejar. Yo lo conseguí y ustedes también lo lograrán y amarán las matemáticas. ¡Estoy seguro!

Ejercicios de concentración

Tome con sus dedos varios objetos. Pesados, livianos, ásperos, finos, grasientos, fríos, calientes por unos segundos y analice las sensaciones percibidas.

Reprodúzcalas mentalmente, una a una, hasta conseguir la mayor sensación con la realidad.

Podrá darse cuenta, entonces, lo necesario que es concentrarse debidamente para que se alcance el objetivo de convertir algo en ese momento intangible en plena realidad. Es casi, lo mismo que un sueño, que si uno lo quiere hacer real, lo convierte en ello simplemente con pensar, muy concentradamente que lo que se imaginó, observó y hasta palpó mientras se dormía, puede llegar a ser cierto para el propio pensamiento.

Dibuje varias figuras sobre una hoja de papel, sin pintarlos con demasiada complicación. Tome el primer dibujo, cierre los ojos e imagine su forma y tamaño. Abra los ojos y compare lo que vio mentalmente con el dibujo real, buscando la diferencia. Repita el procedimiento hasta conseguir que la representación mental y el dibujo sean lo más exactos posible. Enseguida continúe haciéndolo con los demás dibujos.

Observe fijamente una carátula de una revista. Reprodúzcala con su visión mental hasta que la representación imaginada y la carátula sean lo más idénticas: es decir, hasta que mentalmente pueda reproducir fijamente las imágenes concretas.

Cuando haya conseguido la reproducción imaginada de forma satisfactoria, use otras carátulas, pero nunca cambie a una nueva mientras no haya tenido éxito con la primera.

De nuevo realice otro ejercicio de concentración: siéntese con comodidad. Escuche diferentes sonidos grabados. Trate de percibir, los detalles más insignificantes. Pueden ser de música, el ruido de una moto, el rumor de las olas del mar. Desconecte el aparato de la grabación. Entonces con su mente, y muy concentrado, reproduzca los sonidos, como si estuviera oyéndolos, hasta alcanzar la mayor similitud posible.

Relajación

Estar absolutamente relajado, es decir sin ninguna tensión y con absoluta naturalidad, constituye indudablemente la pieza básica para poder captar las cosas con el mayor sentido y sus más completas proporciones.

La relajación es igual de indispensable a la concentración. Mejor dicho, una se complementa con la otra.

Ejercicios de relajación

Afloje toda prenda de vestir capaz de ocasionar alguna presión sobre el cuerpo. Adopte una posición cómoda la que más le guste. Sobre su cama, una alfombra o un sillón. Cuide que sus brazos se sitúen sin esfuerzo como si estuvieran descolgados.

Si adopta la posición de sentado, vea que sus pies descansen sin tensión sobre una cómoda silla, pero si está acostado y lo cree necesario, coloque una almohada bajo la nuca y otra entre los tobillos y las piernas.

Aflójese para que desaparezca cualquier esfuerzo en su cuerpo. Mire fijamente a un solo punto, que puede ser una bombilla o algún objeto brillante o cualquier punto de referencia.

Vaya quitando la mirada y, mientras lo hace, dígase a sí mismo: Quieto… quieto… calmado… en todo mi cuerpo experimento una agradable sensación de pesadez... y esto me produce mucho bienestar... me siento bien... muy bien.

Es muy importante que junto con la relajación de su cuerpo no relaje la de su mente. Esta tiene que seguir preparada para recibir las sensaciones y órdenes que usted mismo le dicte para lograr la completa armonía. Al conjugar ambas, sin ninguna duda, usted pensará que se siente bien y, de verdad, alcanzará tal propósito y sentirá en su cuerpo una sensación de bienestar.

Mueva la parte superior del cuerpo como si estuviera desemperezándose.

Flexione los brazos hacia atrás y al mismo tiempo lleve bastante aire a los pulmones, respirando por la nariz, lenta y profundamente.

Baje los brazos y, mientras lo hace, expele aire por la boca (cuide que salga todo el aire inhalado).

Levante los antebrazos. Cierre y

abra rítmicamente los dedos de las manos, tres veces, pensando que al abrirlos, sus tensiones acumuladas desaparecen (tensiones que han venido acumulándose desde que usted estaba en el vientre materno).

Levante y deje caer rítmicamente los brazos, tres veces.

Por último, déjelos caer en una agradable

relajación, como si pesaran muchos kilos.

Estire y encoja con gran ritmo las piernas, tres veces. Primero la izquierda: levántela y déjela caer pesadamente, pensando que pesa como si pudiera hundir el lugar donde cae, todo lo cual le produce un gran alivio y descanso. Enseguida utilice el mismo proceso con la pierna derecha.

Rotación mandibular. Con la boca abierta y pensando que las mandíbulas se aflojan, rótelas tres veces a la derecha y tres veces a la izquierda.

Lenta y rítmicamente, gire circularmente los globos oculares. Tres veces a la izquierda, arriba, abajo. Tres veces hacia la derecha, arriba, abajo.

Respiración

La respiración es la función fundamental de la materia viva, caracterizada por la absorción de oxígeno y la eliminación de productos de oxidación, especialmente anhídrido carbónico.

La respiración se hace a través de varias funciones y de diversas partes del cuerpo, como la abdominal, la artificial, la cutánea, la pulmonar, etc.

Ejercicios de respiración

Levántese quince minutos antes de lo acostumbrado. Emplee íntegramente ese tiempo en su ejercicio de respiración, que será su primera inyección espiritual del día.

Sitúese al aire libre o, al menos, frente a una ventana abierta. Cuide que sus fosas nasales estén limpias para que no impidan o entorpezcan la respiración.

De pie. El cuerpo recto. Juntos los pies, los brazos descolgados. Extienda todos los dedos de la mano derecha y con el pulgar cierre la ventana de la nariz, de manera que impida el paso del aire. Aspire aire por la ventana izquierda, lenta y largamente, en forma rítmica y contando mentalmente hasta ocho.

Exhale todo el aire de los pulmones, expeliéndolo por el orificio derecho de su nariz, mientras tiene tapado el izquierdo con un dedo. La exhalación completa debe durar el tiempo que le tome contar mentalmente hasta diez.

Invierta el ejercicio. Es decir: cierre con un dedo el orificio izquierdo, aspirando por la derecha mientras cuenta hasta ocho. Tape con un dedo el derecho y exhale por la izquierda mientras cuenta hasta diez.

Realice un total de cinco ejercicios por cada fosa nasal. En cada práctica puede ir paulatinamente aumentando el control de la retención de aire. En otras palabras, contando primero hasta diez, después hasta once, luego hasta doce, hasta trece, etc. Todo debe hacerse con naturalidad. El conteo no implica una acción matemática: se trata de una guía para realizar bien el ejercicio.

Cuando sus pulmones estén llenos de aire, efectúe un juego imaginativo: haga de cuenta que realiza un enjuague interno. Para ayudarse, piense que el aire hace el rol del agua en el enjuague y que limpia por doquiera que pasa.

Contraer y expandir el abdomen le facilitará esta acción imaginativa.

Cada vez que retenga el aire, cuide que el aliento no sea contenido utilizando los músculos de su garganta: a cambio, extienda los músculos del pecho y lleve conscientemente el aire hacia el diafragma o el plexo solar. Basta un ligero acto de voluntad e imaginación. Es añadido utilizar la garganta como si fuera un tapón.

No permita que el ejercicio se mecanice. Acompáñelo de vitalidad mental. Encuentre alegría en hacerlo. Piense que le está produciendo incalculable bien físico, mental y espiritual.

Vea mentalmente que el aire contiene el mejor aliento material y la pureza misma del hálito vital y el substrátum de la energía del Universo. Cuando llene de aire sus pulmones, literalmente "vea" que está introduciendo todo eso en su ser: es decir, salud, optimismo, decisión, fuerza, seguridad, inteligencia, espiritualidad, etc.

Usted está alegre: la dicha le inunda y, entonces, en ese estado anímico, puede autointroyectarse todas las cualidades que usted desea para sí mismo.

Al expeler el aire, vea mentalmente cómo salen los desechos orgánicos y también, sus estados de angustia, de ansiedad, de intranquilidad, de mala salud y de todo lo que usted no quiere para sí mismo. Es importante que usted vea que le abandonan todas aquellas calidades personales que le disgustan. Haga patente para sí mismo que todo lo indeseable sale definitivamente de su organismo y de su mente.

Preparación mental

Antes de comenzar a estudiar hay que hacer un leve calentamiento y este gran secreto se encuentra en la respiración. Tiene que tomar bastante aire sostenerlo por unos cuatro segundos y expulsarlo poco a poco. Esto se hace con el objetivo de relajarse y sentirse bien. Luego concentrarse en el lugar que se encuentre.

Para concentrarse tiene que poner a trabajar la imaginación. Trate de alejarse de las cosas y si en este momento se encuentra en su habitación véala mentalmente desocupada, sin cama, ropa etc.

Ahora trate de aprenderse las siguientes palabras siguiendo las **instrucciones** puestas enseguida de ellas.

AVIÓN	BALÓN
BOLÍGRAFO	MALETA
TELEVISOR	ZAPATILLA
TIJERAS	CAJA
RADIO	CAMISA
PLANCHA	ARAÑA

Instrucciones:

Imaginar un **avión** de Iberia dentro de su habitación llena de **bolígrafos**, (convierta las palabras en imágenes mentales, ¡vívalas!) que la punta del bolígrafo es el **televisor** de su casa al mismo tiempo ve en la pantalla unas **tijeras** (cuando se exagera demasiado se recuerda con mayor facilidad) que va acortar una **radio** de forma de **plancha** que ella juega con un **balón** que lleva una **maleta** llena de **zapatillas** que los cordones son una **caja** llena de **camisas** que dentro del bolsillo tienen una **araña**.

Ahora trate de recordar la historia hecha en la mente llevándola a su habitación.

Si quiere saber en medio de qué palabras están la de **televisor** recuerde que la punta del **bolígrafo** es el televisor que ve en la pantalla unas **tijeras**.

Lo que le propongo enseguida se piensa que es muy difícil, pero no es como lo pensamos. Trate de recordar las figuras hacia atrás.

Visualizamos la **araña** estaba en la **camisa**; la camisa en la **caja**; la caja son los cordones de la **zapatilla**; las zapatillas en la **maleta**; la maleta que la lleva un **balón**; el balón que juega con la **plancha**; la plancha de forma de **radio**; la radio que la corta las **tijeras**; las tijeras que están en el **televisor**; el televisor en la punta del **bolígrafo** y el bolígrafo en el **avión**.

Otra manera es tomar las primeras letras de cada palabra y formar una frase.

AVIÓN

BOLÍGRAFO

TELEVISOR

TIJERAS

RADIO

PLANCHA

BALÓN

MALETA

ZAPATILLA

CAJA

CAMISA

ARAÑA

La frase sería:

A BOTEL TIRA PLABA
MAZACA CAMA

Esta es otra manera de recordar formándose frases con las letras que Usted quiera.

Aprenderse constantes a través de frases y según la cantidad de letras que tenga la palabra, sea el número. Por ejemplo el número π = 3.1415927 = Ana y Luis A. comen bocadillo de chorizo.

Solamente es aprenderse esta frase tan sencilla y cuando quiera recordar el valor de es recordar la frase **Ana y Luis A. comen**

bocadillo de chorizo y contar el número de letras que contiene cada palabra y vemos que.

3 = Ana

1 = y

4 = Luis

1 = A

5 = comen

9 = bocadillo

2 = de

7 = chorizo

Así sabemos que π = 3.1415927.

Con esta frase siempre estará en su memoria este número.

UNAS POCAS PALABRAS BASE PARA UNA GRAN MEMORIA

Como mi objetivo al escribir este libro es el de proporcionar un texto claro y fácil de entender para todos, abstendré de los preámbulos largos cuando éstos no sean estrictamente necesarios.

En cambio, daré simplemente las instrucciones para que la lectura y las prácticas que en ella se aconsejan, rindan el mayor y más rápido resultado posible.

En primer término voy a darles una lista de diez palabras, de un total de ciento nueve que considero necesarias para "afilar la memoria".

El estudiante debe aprenderlas de tal manera que pueda repetirlas sin mirar el texto, llamando cada una de esas palabras por su número,

y dominando esos diez vocablos hasta el punto que pueda repetirlos de adelante para atrás, de atrás para adelante, y en cualquier orden. Es decir, que si quiere memorizar por ejemplo la palabra número 5, sepa que ésta se llama "OSO". Y la número 9, "AVE", y así sucesivamente.

Estas son las primeras diez palabras. Las presentamos con la advertencia que a cada número le corresponde una consonante, que produce su correspondiente palabra-clave.

La consonante, a su vez, sirve para formar las palabras-claves del 10 en adelante.

1- N- Noé

2- D- Dúo

3- T- Tía

4- C- Ica

5- S- Oso

6- L- Ola

7- M- Amo

8- CH- Hacha

9- V o B- Ave

10- N y R- Nora

Es necesario explicar que a cada número se le asignó una letra de tal manera que, para efectos de asociación, se facilite la memorización. Por ejemplo, la palabra número 41 debe llevar las consonantes C y N, y para el caso, como se verá más adelante, la palabra número 41 es "CONO". El número 72, llevaría M Y D, y precisamente en este sistema usamos la palabra "MUDO", la número 10, llevaría N y R = Nora.

¿Ya el estudiante aprendió en todos los sentidos las primeras palabras? ¿Sí? Entonces vamos a hacer los primeros ejercicios de memoria.

Propóngale a alguien, ojalá un compañero de estudio de este libro, que escriba diez palabras, las que él quiera. Supongamos que escogió:

1. Lápiz;

2. Silla;

3. Mesa;

4. Fusil;

5. Cigarrillo;

6. Buque;

7. Televisor;

8. Pocillo;

9. Tablero;

10. Botella;

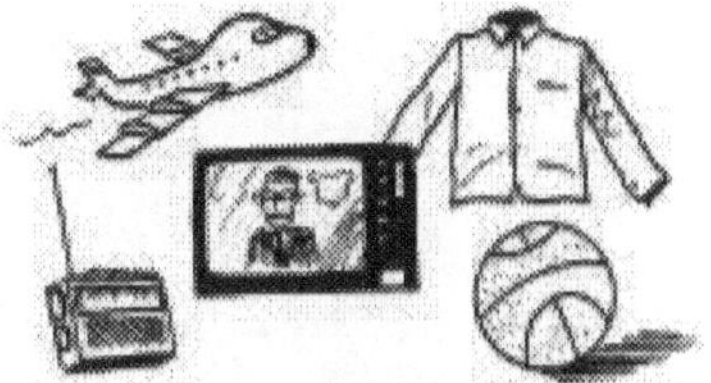

El sistema consiste en "Fabricar" con las anteriores palabras, una especie de cuento estrambótico e ilógico, que por serlo se grabará más fácilmente en la memoria. Ya tenemos, de acuerdo con las diez palabras de la tabla que expusimos antes, que la palabra número 1 del ejercicio, o sea

"Lápiz", corresponde a "Noé" en la tabla; la número 2, a "Dúo"; la 3, a "Tía"; la número 4, a "Ica"; la número 5, a "Oso"; la 6, a "Ola"; la 7, a "Amo"; la 8, a "Hacha"; la 9 a "Ave" y la 10 a "Nora".

Yo propondría la siguiente historia, advirtiendo de paso que la construcción del "cuento" corre por cuenta de la imaginación de cada uno, que obviamente es distinta en cada caso personal. Mi historia sería esta:

1. Noé = 1. Lápiz

2. Dúo = 2. Silla

3. Tía = 3. Mesa

4. Ica = 4. Fusil

5. Oso = 5. Cigarrillo

6. Ola = 6. Buque

7. Amo = 7. Televisor

8. Hacha = 8. Pocillo

9. Ave = 9. Tablero

10. Nora = 10. Botella

Si el alumno aprendió ya realmente muy bien las primeras diez palabras de la tabla, podrá elaborar, por ejemplo, la siguiente disparatada historia:

"(1; Noé = Lápiz): El arca de Noé no está repleta de animales sino de enormes LÁPICES de todos los colores.

(2; Dúo = silla): el dúo de Emeterio y Felipe está en una SILLA grandísima contando chistes.

(3; Tía = Mesa): el Almacén Tía, en vez de diversos artículos, vende solamente MESAS de todos los tamaños y modelos.

(4; Ica = Fusil): el gerente del ICA está junto al letrero de su agencia, furioso, con un FUSIL en la mano.

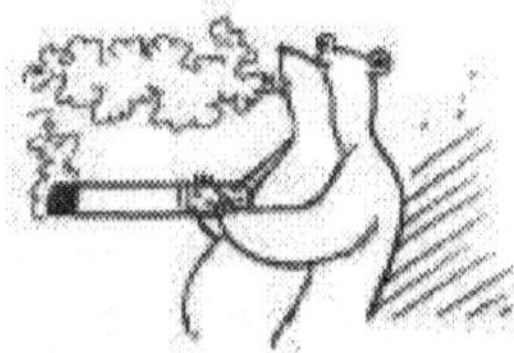

(5; Oso = Cigarrillo): Veo un oso gigantesco fumándose un CIGARRILLO de grandes proporciones y echa humo como una chimenea.

(6, Ola = Buque): Un BUQUE grandísimo es arrastrado por una ola también gigantesca.

(7; Amo = Televisor): El amo de la finca lleva al hombro un gran TELEVISOR a colores, para colocarlo en la sala de su casa.

(8; Hacha = Pocillo): Un hombre golpea fuertemente con un hacha, pero en lugar de partir madera, quiebra un gigantesco POCILLO.

(9; Ave = Tablero): Una gallina lleva un TABLERO colgado del pescuezo.

(10; Nora = Botella): En sus cumpleaños, Nora destapa una gran BOTELLA de champaña.

Si el alumno ya captó el sistema y yo creo que si es medianamente inteligente ya lo ha captado, tiene en este momento en sus manos la oportunidad de "jugar" con estas diez primeras palabras para, por lo menos, hacer ya entretenidos juegos de salón. Podrá, por ejemplo, impresionar a su grupo de amistades si les dice que es capaz de repetir las diez palabras en el orden que se le pida, es decir, de adelante hacia atrás, de atrás hacia adelante, o en desorden. También podrá solicitar que le digan el número del uno al diez en desorden y responderá acertadamente.

Igualmente, solicitará la palabra y responderá con el número, o pedirá el número y responderá con la palabra. Además de impresionar a la gente, este será un ejercicio que potencia no sólo su memoria asociativa sino también lo que podríamos llamar la "auténtica memoria".

Ejemplos: Con las palabras dadas, el estudiante podrá decir sin esfuerzo alguno: Uno, lápiz; dos, silla; tres, mesa; cuatro, fusil; cinco, cigarrillo; seis, buque; siete, televisor; ocho, pocillo; nueve, tablero; diez, botella. Y si le piden que lo haga de atrás para adelante, 

solamente tendrá que invertir el proceso, y dirá sin vacilaciones: botella, tablero, pocillo, televisor, buque, cigarrillo, fusil, mesa, silla y lápiz. Y si le piden números en desorden, responderá al dos como silla, por Emeterio y Felipe sentados en una silla; al cuatro fusil, por el gerente del ICA con el fusil en la mano, al seis buque por la ola que arrastra el buque; al nueve tablero por la gallina que lleva un tablero colgado al pescuezo, y así sucesivamente. Y si por el contrario le hablan de la palabra para que diga el número, sabrá que tablero es nueve, silla es dos, pocillo es ocho, buque es seis, etc.

Aunque creo que el ejemplo es suficientemente ilustrativo y claro no quiero dejar lagunas en quienes hayan perseverado en la lectura del libro hasta este momento. Por esta razón propongo un juego con diez palabras diferentes:

1: Mapa

2: Cosedora

3: Puerta

4: Aguacate

5: Boxeo

6: Río

7: Papel

8: Loro

9. Colilla

10: Espejo

De acuerdo con la disparatada historia que debemos construir, tendríamos:

1. (Noé): Noé, en su arca está mirando un gran MAPA para no perderse durante el diluvio.

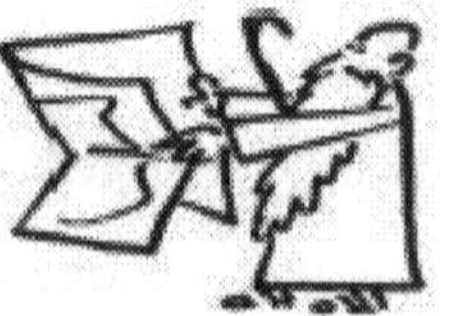

2. (Dúo): Emeterio y Felipe riñen a trompada limpia por quedarse con una COSEDORA.

3. (Tía): Voy al Tía de compras, pero hay una huelga y la PUERTA está cerrada.

4. (ICA): Entre todos los productos del ICA, sobresalen unos deliciosos y enormes AGUACATES.

5. (Oso): Un oso negro, parecido a Pambelé, se enfrenta en BOXEO con unos enormes guantes, a un hombre más grande que él, posiblemente El Hombre Increíble.

6. (Ola): Un RÍO muy tranquilo, de pronto se enfurece y empiezan a levantarse grandes olas.

7. (Amo): El amo pone en libertad a sus esclavos, y para hacerlo entrega a cada uno de ellos un PAPEL en el que certifica la libertad.

8. (Hacha): Alguien corta la cabeza con un hacha a un LORO.

9. (Ave): El Cóndor de los Andes tiene que alimentarse con COLILLAS porque no le dan más comida.

10. (Nora): Nora se maquilla ante un enorme ESPEJO y lo deja sucio de colorete y pestañina.

Si el alumno ha seguido con atención hasta este momento los ejercicios que le hemos dado con base en sólo diez palabras, ha debido sacar la conclusión de que, además de muy sencillo, el método que estoy exponiendo le entrega una cantidad inmensa de variantes para mejor asociación de ideas. Es decir, que no necesariamente tiene que ceñirse a la interpretación nuestra, sino que puede escoger su propia interpretación para facilitarse a sí mismo el trabajo de memorizar como un verdadero "titán de la retentiva". Además, si el lector tiene imaginación, puede poner en práctica algunas variantes de su propia inspiración.

Diez palabras nuevas

Los alumnos que hayan perseverado hasta esta altura del libro se habrán dado cuenta, con toda seguridad, de que el sistema que les propongo es infinitamente fácil y práctico. Ya habrán realizado algunas demostraciones ante familiares, amigos y compañeros de trabajo. Y con absoluta seguridad, les parece casi infantil en este momento recordar esas diez primeras palabras. Hasta será posible que le parezca que desde antes eran capaces de hacerlo. Por lo tanto, están en condiciones actualmente de atacar diez nuevas palabras con su respectiva

numeración. Al finalizar la parte que están leyendo, y si practican adecuadamente, serán capaces de jugar, no ya con diez palabras sino con veinte, con la misma facilidad que lo han venido haciendo con las diez primeras.

Las nuevas diez palabras que voy a enseñarles son las siguientes, con la numeración cronológica a partir del número 10:

> 11. Nene
>
> 12. Nido
>
> 13. Nata
>
> 14. Nuca
>
> 15. Anís
>
> 16. Nilo
>
> 17. Anima
>
> 18. Nicho
>
> 19. Nube
>
> 20. Dora

El siguiente paso consiste en memorizar las palabras del número 11 al 20, hasta dominarlas como ya lo hacen con las del número 1 al 10. Una vez obtenido lo anterior, vamos a proponerles un juego en el que van a entrar a "competir" no solamente las diez nuevas palabras

que acaban de aprender, sino que las entremezclarán con las diez primeras. De esta forma no solamente se logra fortalecer al caudal total de veinte palabras, sino que por la práctica no se olvidarán las que se aprendieron en primer término.

Inicialmente, y para no andar a marchas forzadas, haremos un juego con las palabras numeradas del 11 al 20. Más adelante haremos ejercicios con el total de palabras del 1 al 20, de tal manera que cuando lleguemos a esto último, el alumno pueda hacerlo con toda facilidad.

Yo propongo las siguientes:

11. Directorio

12. Armario

13. Bombillo

14. Caballo

15. Blusa

16. Roca

17. Árbol

18. Ferrocarril

19. Pipa

20. Autopista

En esta propuesta las palabras que tenemos que relacionar son:

11. Nene = 11. Directorio

12. Nido = 12. Armario

13. Nata. = 13 Bombillo

14. Nuca = 14 Caballo

15. Anís = 15. Blusa

16. Nilo = 16. Roca

17. Anima = 17 Árbol

18. Nicho = 18. Ferrocarril

19. Nube = 19. Pipa

20. Dora = 20. Autopista

De acuerdo con las palabras propuestas, inventaremos un cuento estrambótico y truculento.

Ya hemos visto que entre más insensata sea la historia que inventemos, más fácil será de recordar. En este caso nuestra trama sería la siguiente:

11. (Nene): Un nene que siente un hambre pavorosa, no espera el biberón, sino que agarra un enorme DIRECTORIO y empieza a comérselo a grandes bocados.

12. (Nido): En lugar de huevos en un nido, yo veo entre él un ARMARIO.

13. (Nata): Veo una cantidad de leche, que en vez de arrojar nata, deja caer miles de BOMBILLOS.

14. (Nuca): En lugar de ir yo cabalgando al CABALLO llevo al grande animal cargado sobre mi nuca.

15. (Anís): Veo mentalmente una botella de aguardiente vestida con una BLUSA de muchos colores.

16. (Nilo): El río Nilo se represa porque en la mitad de su cauce ha caído una enorme ROCA.

17. (Anima): En un camino solitario me encuentro con un ánima de la otra vida, pero no me asusta sino que me da risa, porque el ánima carga sobre sus hombros un ÁRBOL mucho más grande que ella.

18. (Nicho): Veo un nicho muy grande en el andén de una estación del FERROCARRIL.

19. (Nube): Veo un hombre fumando en una PIPA, y con el humo forma una nube que llega al cielo.

20. (Dora): Me imaginé a mi amiga Dora corriendo a grandes saltos, como la mujer maravilla, por una AUTOPISTA.

Como es necesario afianzar lo aprendido hasta el momento, vamos a practicar con las veinte palabras que ya deben estar grabadas en la memoria de los estudiantes. Para el caso propongo las siguientes:

1. Noé = 1. Cenicero

2. Dúo. = 2. Ambulancia

3. Tía. = 3. Zapato

4. ICA. = 4. Peluca

5. Oso. = 5 Papaya

6. Ola = 6. Llanta

7. Amo = 7. Alambre

8. Hacha = 8. Globo

9. Ave = 9. Collar

10. Nora = 10. Bate

11. Nene = 11. Hormiga

12. Nido = 12. Cordón

13. Nata = 13. Carbón

14. Nuca = 14. Pambelé

15. Anís = 15. Huevo

16. Nilo = 16. Fósforo

17. Anima = 17. Revólver

18. Nicho = 18. Periódico

19. Nube. = 19. Camándula

20. Dora. = 20. Sancocho

Ahora, cuando estamos ante el reto de memorizar VEINTE palabras, es necesario decir Adelante, ánimo, que el mundo es de los valientes...

Vamos a empezar:

1. (Noé): Vemos a Noé con sus barbas blancas, pero no va en el arca, sino que está remando en medio del diluvio dentro de un enorme CENICERO.

2. (Dúo): El dúo que forman Emeterio y Felipe, va cantando por la calle, cuando son atropellados por una AMBULANCIA, y las guitarras ruedan por el suelo.

3. (Tía): Me imagino que el Almacén Tía vendió ya toda la mercancía, y en sus estantes solamente queda un enorme ZAPATO de payaso.

4. (ICA): Veo la salida a almorzar de los empleados del ICA, y todos llevan puesta una PELUCA.

5. (Oso): Un oso polar pone en el Polo Norte una venta de PAPAYAS, pero nadie se las compra y vemos al animal comiéndose las frutas una por una.

6. (Ola): En el mar, las olas, en lugar de caracoles, arrojan a la playa una LLANTA grandísima.

7. (Amo): El dueño de la finca está haciendo los linderos y lo vemos junto a grandes rollos de ALAMBRE de púas.

8. (Hacha): Es diciembre y los muchachos quieren elevar un GLOBO pero no pueden porque de la candileja cuelga un hacha enorme.

9. (Ave): Una gallina tiene un bello COLLAR de perlas alrededor del pescuezo, y se pasea muy tiesa y muy maja.

10. (Nora): Mi amiga Nora, en minifalda, es elegida madrina de un equipo de béisbol y los jugadores la llevan sentada en un BATE.

11. (Nene): Veo a un nene comiendo HORMIGAS santandereanas a grandes manotadas.

12. (Nido): El nido que yo veo no está hecho de paja, sino de CORDONES de zapatos.

13. (Nata): Pido un vaso de leche, pero me sirven un líquido negro que parece "jugo" de CARBÓN.

14. (Nuca): Reaparece PAMBELE, se gana otra vez el campeonato mundial, y su "manager" le pone el cinturón en la nuca en lugar de colocársela en la cintura.

15. (Anís): Veo mentalmente una botella que, en lugar de contener aguardiente, está repleta de amarillas yemas de HUEVO.

16. (Nilo): El río Nilo en lugar de agua arrastra millones de FÓSFOROS.

17. (Anima): En el purgatorio se forma una revolución y las ánimas empiezan a disparar todas con REVOLVER.

18. (Nicho): Hay un nicho enorme, pero en lugar de un santo contiene un PERIÓDICO.

19. (Nube): En el cielo las nubes forman distintas figuras, pero en un segundo esas figuras se convierten en una gran CAMÁNDULA.

20. (Dora): Invito a mi amiga Dora a una comida muy elegante, pero no sé por qué en el restaurante solamente venden SANCOCHO.

Estoy plenamente seguro de que a estas alturas, si han puesto la necesaria atención en el estudio de las 20 palabras propuestas, ya las dominarán perfectamente. Sin embargo, quiero un mayor margen de seguridad y me permito dar un consejo a los lectores: quisiera que refrenaran su entusiasmo, se devolvieran al CAPÍTULO 1 titulado "Unas pocas palabras, base para una gran memoria", y le dieran un repaso total a lo que llevamos estudiando hasta el momento. Esto con el propósito de que el aprendizaje sea sumamente sólido y no quede en él dudas, lagunas ni vacilaciones de ninguna especie. El repaso no les llevará mucho tiempo, porque como se darán cuenta, las veinte palabras las están memorizando ya con mucha facilidad y en forma casi automática. Yo sugiero que, sin consultar el libro después del repaso, escriban una por una las palabras y sus números. En caso de vacilación o de olvido total en una o varias de las palabras, es conveniente uno o dos nuevos repasos, para afianzar en la memoria la totalidad de lo aprendido hasta el momento. Sugiero con franqueza no seguir adelante hasta no estar seguro de que toda la lección ha sido aprendida totalmente y se repita con fluidez y sin vacilaciones.

Los pasos que vamos a seguir estarán dosificados de tal manera que en el próximo ejercicio incluiremos diez nuevas palabras, para llegar así a dominar treinta; luego pasaremos de 30 a 50, y finalmente puedo decirles que cuando las 109 palabras estén totalmente memorizadas y automatizadas, empezaremos, con base en esos sencillos 109 vocablos, los ejercicios mayores

para realizar "como una computadora" las grandes operaciones relacionadas con raíces, logaritmos, funciones
trigonométricas y factoriales. Una vez
practicados los ejercicios que acabo de
mencionar, cada uno de los alumnos
me habrá igualado y podrá hacer demostraciones como las que yo realizo

en la televisión, en universidades, empresas privadas y público en general. Es decir, se habrán convertido en verdaderas
"computadoras humanas". Es este ni más ni menos, el premio
al esfuerzo, a la constancia y más que todo a la confianza que
depositaron en mí al creer en mi sistema y perseverar en él.

Vamos para las treinta palabras

Los que quieran ser "computadoras humanas" y ganarle, como yo lo hago, a las mismas computadoras, tiene ya en su poder una parte de los medios, con el conocimiento de las primeras veinte palabras. Vamos 

ahora a avanzar hasta 30, y debemos tener el convencimiento de que llegar a este punto es tan sencillo como lo fue llegar hasta 20. Como en las lecciones anteriores, no nos limitaremos a hacer ejercicios 20-30, sino que además de ellos, repasaremos desde el número uno, para afianzar más en la mente todo lo aprendido desde el principio.

Las palabras propuestas son:

21. Dane	26. Delio
22. Dedo	27. Dama
23. Dieta	28. Ducha
24. Deca	29. Adobe
25. DAS	30. Toro

De acuerdo con el sistema que ustedes ya conocen de construir historias fantásticas y enrevesadas, para facilitar la memorización, yo propongo un ejercicio con las palabras anteriores, en la siguiente forma:

21. Dane = 21. Escopeta

22. Dedo = 22. Puñal

23. Dieta = 23. Perro

24. Deca = 24. Ganzúa

25. DAS = 25. Salchicha

26. Delio = 26. Argolla

27. Dama = 27. Caramelo

28. Ducha = 28. Grúa

29. Adobe = 29. Semáforo

30. Toro = 30. Canasto

La historia es la siguiente:

21. (Dane): Cuando alguien solicita datos en el Dane, se encuentra con que los empleados se enfurecen y uno de ellos le apunta con una ESCOPETA.

22. (Dedo): Me parece que siento un gran dolor en el dedo pulgar de la mano derecha porque la tengo atravesado por un PUÑAL.

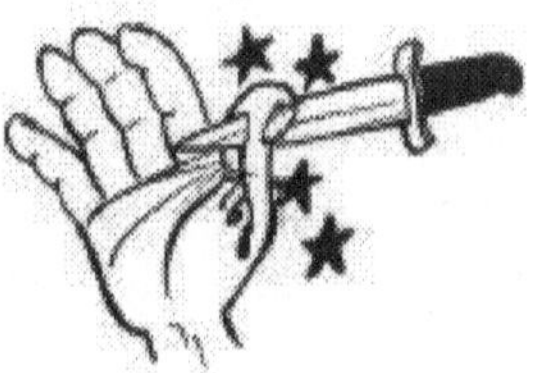

23. (Dieta): Mi PERRO favorito está muy gordo, casi se revienta ya, y tengo que ponerlo a dieta.

24. (Deca): Uso la raíz "deca" para recordar que en la década del 70, los ladrones hicieron su agosto utilizando GANZÚAS.

25. (DAS): Un detective del DAS, acaba de capturar a un pillo, pero como se le olvidaron las esposas en la casa, tiene que amarrarlo con una enorme SALCHICHA.

26. (Delio): Delio "Maravilla" Gamboa, el futbolista, se va a casar, pero el cura lo devuelve de la puerta de la iglesia porque se le olvidó llevar la ARGOLLA de matrimonio, y Delio se pone a llorar.

27. (Dama): Una dama muy elegante y bien vestida, va por la calle comiéndose un trozo de CARAMELO.

28. (Ducha): Compro en el almacén una ducha, pero me la venden tan grande que tengo que transportarla en una GRÚA.

29. (Adobe): Están instalando en la esquina de mi casa un SEMÁFORO, pero llega un gigante y lo vuelve pedazos arrojándole un adobe.

30. (Toro): Un enorme toro sale a la arena en la Plaza de Santamaría y en los cuernos lleva prendido un CANASTO inmenso.

Antes de iniciar el salto de la palabra 30 a la 50, que anuncié en párrafos anteriores, es conveniente que los estudiantes se dediquen a realizar por su propia cuenta varios ejercicios con lo que tienen aprendido hasta el momento, para mecanizar al máximo este sistema de memorización.

Les recomiendo hacer un ejercicio que incluya las 30 palabras, en orden, luego de atrás hacia delante y finalmente una serie de prácticas para memorizar en desorden. Por ejemplo, proponerse los números 4 (ICA), 16 (Nilo), 9 (Ave), 19 (Nube), 30 (Toro), 11 (Nene), 14 (Nuca), 1 (Noé), 5 (Oso), 25 (DAS), 20 (Dora), 8 (Hacha), 28 (Ducha), 10 (Nora) y 22 (Dedo). Obviamente, los estudiantes pueden escoger en sus ejercicios los números y palabras que a bien tengan para una mejor práctica de esta magnífica gimnasia mental.

Primer salto

Después de los ejercicios que he sugerido a mis alumnos con las palabras aprendidas entre el número 1 y el 30, ya estarán preparados para dar el que he llamado "primer salto". Lo he bautizado así porque hemos venido aprendiendo de diez en diez palabras, y en esta ocasión vamos a estudiar veinte de una vez.

Las veinte palabras-clave prometidas son:

31. Tina	41. Cono
32. Atado	42. Codo
33. Tito	43. Coto
34. Taco	44. Coco
35. Tos	45. Casa
36. Tela	46. Cola
37. Tomo	47. Cama
38. Techo	48. Cacho
39. Tubo	49. Cubo
40. Coro	50. Sor

Continuando el sistema de enseñanza que traemos en este libro, haremos inicialmente un ejercicio con las veinte nuevas palabras, sin incluir las 30 primeras, para lograr un buen afianzamiento de las recién aprendidas. Posteriormente hacemos otro con el total de cincuenta,

para darle confianza al estudiante y ayudarlo a convencerse de que en realidad ya domina plenamente la totalidad de lo que se ha estudiado hasta el momento.

E igualmente, como lo hemos hecho hasta el presente, nos acogeremos a la "historia imposible", con situaciones inverosímiles, para que esas imágenes mentales se graben con mayor facilidad en la memoria del estudiante.

He aquí, pues, las palabras propuestas; colocándose en primer término la palabra-clave:

31. Tina = Morral

32. Atado = Cañón

33. Tito = Quebrada

34. Taco = Cerdo

35. Tos = Piedra

36. Tela = Pupitre

37. Tomo = Escaparate

38. Techo = Alpargata

39. Tubo = Puente

40. Coro = Miel

41. Cono = Tiza

42. Codo = Vidrio

43. Coto = Abeja

44. Coco = Lechona

45. Casa = Sombrilla

46. Cola = Tranvía

47. Cama = Montaña

48. Cacho = Trompo

49. Cubo = Amarillo

50. Sor = Restaurante

Para una mayor seguridad del aprendizaje de las anteriores palabras-clave y del equivalente que le dimos, sugerimos al estudiante repasarlas varias veces antes de emprender la disparatada historia.

Esta sería la siguiente:

31. (Tina = Morral): Hay una tina repleta de agua, pero en lugar de una persona el baño lo toma un MORRAL.

32. (Atado = Cañón): Recibo un regalo que viene envuelto en forma de un atado, y al destaparlo encuentro que el obsequio es un CAÑÓN.

33. (Tito = Quebrada): El famoso y ya fallecido mariscal Tito de Yugoslavia está a punto de ahogarse en una QUEBRADA y escucho sus gritos de auxilio.

34. (Taco = Cerdo): Simplemente hago la imagen mental de un CERDO gordísimo jugando al billar y con el taco en la mano.

35. (Tos = Piedra): Tengo un gran acceso de tos y finalmente sólo logro expectorar una enorme PIEDRA.

36. (Tela = Pupitre): Estoy en el colegio, y me asombro porque los PUPITRES no están hechos de madera sino de tela.

37. (Tomo = Escaparate): Abro un tomo de la Biblia, pero encuentro que en todas las páginas aparece solamente la fotografía de un ESCAPARATE.

38. (Techo = Alpargata): Curiosamente observo que a través del techo de mi casa puedo ver que el tejado no tiene tejas sino ALPARGATAS.

39. (Tubo = Puente): Estoy pasando por un PUENTE muy largo, pero el piso no es de madera, ni de concreto, sino de tubos.

40. (Coro = Miel): En la iglesia hay un coro como de doscientas personas que están cantando, pero su canción es solamente la palabra MIEL, MIEL, MIEL.

41. (Cono = Tiza): Estoy escribiendo en un tablero con una TIZA muy grande que tiene forma de cono.

42. (Codo = Vidrio): Soy una Karatista cinturón negro y de pronto resuelvo romper VIDRIOS con el codo.

43. (Coto = Abeja): Una señora que tiene un coto es picada por un enjambre de ABEJAS asesinas, y el coto crece y crece...

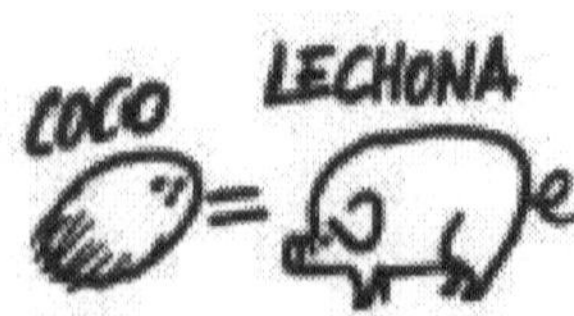

44. (Coco = Lechona): Tiro contra el suelo un coco, que se quiebra en pedazos, pero en lugar de pulpa de coco aparece una apetitosa LECHONA.

45. (Casa = Sombrilla): En el filo de una montaña está construida una casa inmensa, que a su vez aparece cubierta por una SOMBRILLA mucho más grande que la casa.

46. (Cola = Tranvía): Me imagino una "cola" de personas de muchas cuadras, que espera un TRANVÍA que se ve llegar lentamente desde muy lejos.

47. (Cama = Montaña): Abro la puerta de mi casa, pero no veo nada distinto a mi cama sobre la que hay una MONTAÑA rusa.

48. (Cacho = Trompo): Me persigue un toro enorme que en vez de cachos o cuernos tiene dos enormes TROMPOS de colores.

49. (Cubo = Amarillo): Estoy jugando con un cubo mágico, pero el juego no tiene objeto porque todas las caras son de color AMARILLO.

50. (Sor = Restaurante): Voy por la calle y delante de mí camina una monja que en lugar de entrar a la iglesia, se va a rezar a un RESTAURANTE.

Como les dije antes, el ejercicio anterior está orientado a que lleguen a memorizarse de manera perfecta las veinte nuevas palabras que sirvieron para lo que llamé "primer salto". Como este objetivo ya está cumplido si es que han seguido fielmente las instrucciones pasamos entonces al ejercicio total con las cincuenta palabras-clave que ya hemos memorizado.

Para este objeto, las palabras que propongo son las siguientes:

1. Noé = Diccionario

2. Dúo = Zanahoria

3. Tía = Pintura

4. ICA = Avión

5. Oso = Payaso

6. Ola = Carne

7. Amo = Circo

8. Hacha = Reloj

9. Ave = Colmena

10. Nora = Riel

11. Nene = León

12. Nido = Piscina

13. Nata = Capucha

14. Nuca = Cebolla

15. Anís = Biberón

16. Nilo = Peinilla

17. Anima = Ruana

18. Nicho = Cauchera

19. Nube = Camarón

20. Dora = Maíz

21. Dane = Pescuezo

22. Dedo = Pulga

23. Dieta = Encendedor

24. Deca = Tablero

25. DAS = Torero

26. Delio = Guitarra

27. Dama = Cuadro

28. Ducha = Aldaba

29. Adobe = Serrucho

30. Toro = Pantalón

31. Tina = Piña

32. Atado = Camión

33. Tito = Carriel

34. Taco = Queso

35. Tos = Correa

36. Tela = Máquina

37. Tomo = Hamburguesa

38. Techo = Ventana

39. Tubo = Escarpín

40. Coro = Ceniza

41. Cono = Chaqueta

42. Codo = Pantalla

43. Coto = Aguja

44. Coco = Oreja

> 45. Casa = Esmeralda
>
> 46. Cola = Bar
>
> 47. Cama = Policía
>
> 48. Cacho = Mango
>
> 49. Cubo = Frasco
>
> 50. Sor = Almohada

En este instante, con el valioso acopio de cincuenta palabras-clave que ya todos los estudiantes deben tener muy bien metidas en la cabeza, vamos a practicar el ejercicio total con lo que llevamos aprendido, antes de dar el "gran salto" de las 59 palabras finales.

Como en las lecciones anteriores, voy a proponer mi propia historia, con la advertencia de que los alumnos más aprovechados pueden en este momento tratar de desprenderse un poco de mi mano y hacer la suya propia. Esto queda a elección del lector.

Esta es mi fábula:

1. (Noé = Diccionario): Veo a Noé en el Arca aprendiendo el idioma español y para ello se tiene que valer de un DICCIONARIO inmenso.

2. (Dúo = Zanahoria): Me imagino a Emeterio y Felipe vestidos de conejos, con unas lindas orejas, comiéndose cada uno una deliciosa ZANAHORIA.

3. (Tía = Pintura): La forma del edificio donde funciona el Almacén Tía tiene el aspecto de un gigantesco tarro de PINTURA.

4. (ICA= Avión): Un AVIÓN Jumbo se estrella contra el edificio del ICA.

5. (Oso =Payaso): Un oso camina bajo la lluvia vestido de PAYASO.

6. (Ola = Carne): Hay una tempestad en el mar, pero las olas no son de agua sino de CARNE.

7. (Amo = Circo): El amo o dueño anuncia a sus mejores artistas en el centro de la pista del CIRCO.

8. (Hacha = Reloj): En un RELOJ que hay en la torre de una iglesia, los segunderos tienen forma de hacha.

9. (Ave = Colmena): Me invitan a un apiario, y de una de las COLMENAS no salen abejas sino gallinas.

10. (Nora = Riel): Mi amiga Nora va por la calle e intenta hacer equilibrio y casi se cae porque camina sobre un RIEL.

11. (Nene = León): Un nene en pañales tiene en sus manos un látigo con el que trata de domar a un enorme LEÓN.

12. (Nido = Piscina): Me lanzo desde un trampolín, y cuando ya voy a caer me doy cuenta que la PISCINA no contiene agua sino un nido muy grande.

13. (Nata = Capucha): Trato de vaciar una cantina de leche, pero no sale el líquido sino una serie de CAPUCHAS.

14. (Nuca = Cebolla): Me invitan a una fiesta de gala y cuando llego me doy cuenta que alrededor de la nuca no tengo una corbata sino una CEBOLLA amarrada.

15. (Anís = Biberón): Un niño llora de hambre y la madre le entrega un BIBERÓN que no contiene leche sino anís.

16. (Nilo = Peinilla): El río Nilo está muy crecido y tiene grandes turbulencias. Encima de sus aguas flota una inmensa PEINILLA.

17. (Anima = Ruana): Voy por un camino oscuro y de pronto se me aparece un ánima de la otra vida que lleva una MAXI RUANA.

18. (Nicho = Cauchera): A la entrada de una iglesia hay un enorme nicho que no guarda ningún santo sino una inmensa CAUCHERA.

19. (Nube = Camarón): El cielo de Bogotá está cubierto por una enorme nube negra y en un momento empieza a llover, pero no cae agua sino CAMARONES.

20. (Dora = Maíz): Dora está en la cocina manejando un molino en el que prepara enormes cantidades de MAÍZ para hacer arepas.

21. (Dane = Pescuezo): Voy al Dane a solicitar informes, pero no me los pueden dar. No hablan porque tienen cada uno de los empleados un PESCUEZO tan largo como el de una jirafa.

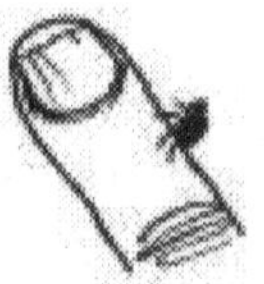

22. (Dedo = Pulga): En mi dedo pulgar una PULGA baila tango.

23. (Dieta = Encendedor): Como estoy muy gordo, el médico me ordenó una dieta en la que todos los días debo comerme un ENCENDEDOR.

24. (Deca = Tablero): Veo grupos de diez figuras repetidas en un gigantesco TABLERO que abarca todo el salón de clases.

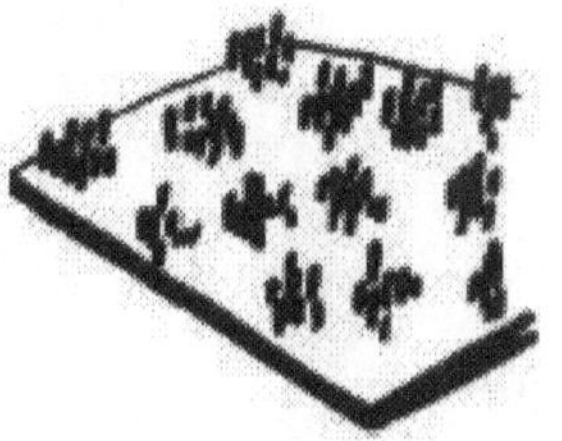

25. (DAS = Torero): Un detective del DAS, pistola en mano, se presenta en la plaza de toros como TORERO.

26. (Delio = Guitarra): Delio "Maravilla" Gamboa el futbolista, se presenta en televisión no como deportista sino tocando una GUITARRA eléctrica.

27. (Dama = Cuadro): Una señora muy bien vestida va por la calle, agobiada de cansancio, porque a las espaldas lleva un pesado CUADRO del pintor Botero.

28. (Ducha = Aldaba): Abro la ducha para bañarme, pero no sale agua, porque el aparato está cerrado con una ALDABA de acero.

29. (Adobe =Serrucho): Simplemente necesito cortar un adobe y para ello utilizo un SERRUCHO.

30. (Toro = Pantalón): Es día de corrida y desde la gradería veo que el toro sale a la arena vestido con un enorme PANTALÓN roto.

31. (Tina = Piña): Una vendedora de frutas tiene su venta en la calle, pero guarda su mercancía en una tina de baño en la que sobresale una jugosa PIÑA.

32. (Atado = Camión): Me llega un atado con un regalo y al abrirlo encuentro que contiene un CAMIÓN de escalera.

33. (Tito = Carriel): El Mariscal Tito asiste a una fiesta en Medellín, vestido de paisa, y naturalmente, lleva colgado un enorme CARRIEL de nutria.

34. (Taco = Queso): Estoy jugando al billar, pero cuando voy a tacar la bola, ésta se convierte en un QUESO.

35. (Tos = Correa): Tengo un pavoroso acceso de tos, y de pronto se me revienta la CORREA.

36. (Tela = Máquina): Estoy escribiendo, pero en lugar de papel aparece un trozo de tela en la MAQUINA de escribir.

37. (Tomo = Hamburguesa): Abro un tomo de la Biblia, pero no aparece en ninguna de sus páginas ningún texto, sino solamente fotografías repetidas de una apetitosa HAMBURGUESA.

38. (Techo = Ventana): Veo una casa con un techo muy alto que tiene una gigantesca VENTANA.

39. (Tubo = Escarpín): A un niño le colocan en el pie un ESCARPÍN, pero éste no es de lana sino que se trata de un tubo metálico que tiene la forma de un ESCARPÍN.

40. (Coro = Ceniza): El mismo coro que vimos en ejercicio anterior, formado por más de 200 personas, está cantando a todo pulmón "La cucharilla se me perdió", pero lo hace dentro de un gigantesco cenicero colmado de CENIZA que le llega al cuello a todo el mundo.

41. (Cono = Chaqueta): Veo una CHAQUETA que no respeta ninguna moda y que tiene la forma de un cono.

42. (Codo = Pantalla): En un teatro monumental hay una gran PANTA-LLA para la proyección de películas, pero durante todo el tiempo se ve en ella solamente el codo de una persona.

43. (Coto = Aguja): Una anciana vecina mía que sufre de coto está desesperada con su enfermedad, y trata de aliviarse pinchándose la hinchazón con una AGUJA como de medio metro.

44. (Coco = Oreja): Estamos en el Reinado de Belleza de Cartagena y eligen a una bella mujer que en las OREJAS en lugar de aretes tiene un par de cocos muy pesados que la hacen caer de cabeza.

45. (Casa = Esmeralda): Salgo en una expedición a Muzo, donde alquilo una casa, y al entrar tropiezo con una gigantesca ESMERALDA que hay en el piso.

46. (Cola = Bar): Tengo la boca seca por la sed y busco un BAR para tomar alguna bebida, pero me toca hacer una "cola" enorme formada por centenares de personas.

47. (Cama = Policía): En mi casa llego a dormir y quiero deshacer la cama, pero debajo de las sábanas ronca un POLICÍA.

48. (Cacho = Mango): Una vendedora de frutas lleva sobre la cabeza una enorme batea sostenida en cachos de venado que le salen de la frente y la cabeza, y en la batea tiene solamente un MANGO descomunal.

49. (Cubo = Frasco): Estoy jugando con un "cubo mágico" y de tanto darle vueltas entre las manos, va tomando la forma de un FRASCO.

50. (Sor = Almohada): En el convento las monjas empiezan a pelear entre ellas, y como no tienen fusiles, la guerra es con ALMOHADAS.

Antes de iniciar lo que hemos llamado "el gran salto" yo recomiendo a los estudiantes que practiquen a conciencia todo lo que hemos aprendido, para que en la gran aventura que vamos a iniciar entre el 50 y el 109 no quede absolutamente ninguna duda ni vacilación para la práctica de los ejercicios. Por lo tanto es muy importante hacer una refrescante pausa en el aprendizaje y limitarnos por un tiempo que cada alumno decidirá, en el repaso de lo aprendido, con todas las variantes posibles. Por ejemplo: debe decirse a alguien que nos diga cuál palabra-clave o números clave quiere que memoricemos, para responderle en forma inmediata. De tal manera que si nos habla del número 22 le respondamos -casi sin dejar que termine de decirlo- que ese número corresponde a DEDO, y si nos dice DEDO le respondemos inmediatamente: VEINTIDÓS; y sucesivamente, si nos dicen COLA, sabemos que es 46; si el 39, TUBO; si el 18, NICHO; si TINA, 31; si 27, DAMA; y así sucesivamente...

Si el alumno recuerda ya perfectamente las 50 palabras-clave que llevamos aprendidas y las memoriza de manera perfecta, no tendrá dificultad alguna en recordar por ejemplo, y de acuerdo con el último ejercicio que realizamos, que 48.Cacho, es igual a MANGO, porque había una frutera que llevaba una batea sostenida en unos cachos de venado, y que la batea contenía un MANGO descomunal; que 25.DAS, es TORERO, porque en la plaza de toros salió a la lidia un detective del DAS vestido de TORERO; que 34. TACO, es igual a QUESO; porque la bola de billar se convirtió en un QUESO, que 44. Coco es igual a OREJA, por aquella reina que en lugar de aretes tenía cocos colgados de las orejas y se fue de narices; y que 50. Sor, es igual a ALMOHADA por lo de la guerra entre las monjas. Y así cada una de las asociaciones mentales de ideas.

Y, ahora sí... El gran salto

Los estudiantes que han seguido mis enseñanzas pueden entender que los primeros 50 vocablos, son el equivalente,
como quien dice, a la culminación de la
"Escuela Primaria". El "gran salto" que
vamos a iniciar podría bautizarse entonces como la iniciación del "bachillerato",
dentro de este curso de nemotecnia. Lo 
que sigue después del "bachillerato" es ni más ni menos la
"carrera universitaria" de la disciplina en la que estamos em-
peñados para hacernos unos "profesionales de la memoria".

El solo hecho de que usted, amigo lector, me haya acompañado hasta este momento de nuestro curso, me llena de
satisfacción y de orgullo. Porque tal circunstancia de lealtad
de su parte significa no solamente que mis enseñanzas le han
llamado la atención, sino una más grande todavía para mí:
que en el mundo todavía existen
personas como usted que han entendido el valor de enfrentar el reto
de la vida sin resignaciones cobar-
des ni claudicaciones blandengues,
y que saben que el mundo no es de
quienes se acuestan a dormir... 

En síntesis, el haberme acompañado hasta ahora significa que usted, querido alumno, no es un cobarde y que, en lo que a mí respecta, vale la pena haber vivido para hallar en el mundo personas tan valiosas, tan rotundas, tan perseverantes y tan vigorosas como usted...

Después de este preámbulo que quiero matizar con un estrecho apretón de manos de felicitación, vamos a dar ahora sí el "gran salto".

El sistema será el mismo que hemos venido utilizando hasta el momento. De tal manera que el estudiante se dará cuenta de que lo que vamos a hacer entre el número 50 y el 109, es todavía más fácil que lo hicimos casi sin darnos cuenta entre el número 1 y el 50.

Antes de continuar adelante quiero pedirles que mediten sobre lo que acabo de decir en el párrafo anterior: no se trata de un estímulo vano. Por el contrario, es la comprobación de que en este momento cada uno de ustedes tiene ya una memoria asociativa capaz de colocarlos delante de sus amistades y familiares como personas excepcionales. Es la verdad y quiero que lo reconozcan colocándose la mano en el corazón que cuando abrieron la primera página de este libro, no eran capaces de memorizar cinco palabras. Sin embargo, después de los primeros ejercicios, memorizaron diez; luego, veinte; más adelante, cincuenta. Y ahora, tranquilamente, como quien se bebe un vaso de agua, van a memorizar 109. Lo aseguro yo, que no les he engañado ni con una coma en ninguna de las páginas de esta obra.

Vamos, pues, a iniciar nuestro "bachillerato":

51. Seno
52. Boda
53. Sota
54. Saco
55. Soso (o Sosa)
56. Sala
57. SAM
58. Soacha
59. Sabio
60. Lora (o loro)
61. Lana
62. Lodo
63. Lote
64. Loco
65. Losa
66. Lulo
67. Lima
68. Lucho
69. Lobo
70. Mora

71. Mina
72. Mudo
73. Moto
74. Mico
75. Mesa
76. Mula
77. Mamá
78. Mecha
79. Ameba
80. Choro
81. Chino
82. Echado
83. Chato
84. Chocó
85. A...chís... (estornudo)
86. Chile
87. Chusma
88. Chica
89. Chavo
90. Avaro

91. Vino

92. Buda

93. Bate

94. Vaca

95. Vaso

96. Bola

97. IBM

98. Buche

99. Bobo

00. Arar

01. Rana

02. Radio

03. Rata

04. Roca

05. Rosa

06. Rulo

07. Ramo

08. Rocha

09. Rubia

En vista de que este profesor supone que ya los alumnos conocen la mecánica de los ejercicios, no voy a proponerlos de manera directa, sino que dejo a la iniciativa de cada uno el hacerlo. Confío en que lo harán con el mismo entusiasmo que pondrían en el caso de que aparecieran tales ejercicios en el libro. Porque, en razón del espacio y también porque espero que la inteligencia de mis alumnos haga innecesario que les diga los ejemplos palabra por palabra del 51 al 109, los ejercicios en esta etapa corren por cuenta del estudiante.

Es este el momento en el que hemos llegado al final de lo que llamamos antes "el bachillerato" de la nemotecnia. Todo el mundo sabe que si un bachiller conoce plenamente todas las materias de su curso, estará en condiciones de emprender el estudio de la

carrera final con todas las posibilidades del éxito académico. De la misma manera, quienes hayan hecho el "bachillerato"

de la nemotecnia deben estar preparados, con el conocimiento total de lo que se ha enseñado, para iniciar la "carrera" o "etapa universitaria", que es, ni más ni menos en nuestro caso, que la iniciación de la ruta hacia la posesión de poderes de memoria que los capacite como "titanes de la retentiva".

Como consejo final antes de emprender los estudios de cálculos matemáticos de alto vuelo, insisto en la necesidad de repasar todo lo que hemos hecho hasta el momento, hasta el punto de que no quede en la mente de nadie ninguna sombra de duda sobre lo que es capaz de hacer en relación con las 109 sencillas palabras que son la base, el pilar, la plataforma de lanzamiento para iniciar la gran aventura de convertirse cada uno de ustedes en una "computadora humana".

Aprender los nombres de las personas

La mayoría de la gente se emociona cuando puede recordar el nombre de las personas. Cuántas personas están en una reunión, le presentan a un amigo, le dan la mano, le dicen el nombre y cuando se deja de estrechar aquella ya se le ha olvidado como se llama; esto  le pasa a todo el mundo, es molesto estar hablando con esa persona y a los cinco minutos preguntarle por tercera vez ¿cuál es su nombre? Es una vergüenza volver a preguntar, aunque lo más importante es que una vez que lo haya aprendido y conozcamos a esa persona, su nombre se quede con nosotros.

Vamos a un trabajo nuevo: el primer día, conocemos a cinco personas de nuestro entorno y se nos olvidaron los nombres,  pero al finalizar la semana, tenemos los nombres registrados en nuestra memoria. ¿Cómo se hizo?: Simplemente tomando la nueva información, se recogió el nombre y se repitió frecuentemente el mismo hasta memorizarlo –completamente–.

Ya grabados en la mente cada uno de esos cinco nombres –bien aprendidos– pueden visualizarse por completo. Entonces mente e imagen, unidos, pueden perfectamente identificarlos sin ningún problema.

Cuando se entra a un salón y se conoce a treinta ó cuarenta personas, no se puede dar el lujo de estar repitiendo el nombre

de cada una de ellas; esto no es una buena idea, así que los vamos a aprender. Es tomar la información del nombre de las personas, en un corto período de memoria, rápido y fácil. Con una técnica efectiva, se guarda en períodos cortos y se convierte en conocimiento, porque fácilmente se logra reconocer el nombre y el físico de esas personas.

Se nos olvidan los nombres en el primer minuto. Es eso cierto, y lo que se tiene que trabajar aquí, es simplemente como recordar los nombres de las personas, en los primeros cinco minutos de su presentación; esa sería nuestra meta. Porque si se logra,

podemos guardarlo en la memoria, por un período corto y tendremos el conocimiento correcto para usarlo después.

Mientras estemos con los nombres, tengamos en cuenta que nuestra meta es poder recordarlos una sola vez después de que los oímos y guardarlo en la memoria de plazo corto, lo suficiente para que se convierta en conocimiento. Para un uso posterior nuestro único objetivo es ver la forma de cómo retener el nombre que oímos una sola vez y mantenerlo en la memoria de corto plazo, lo suficiente para formar parte del conocimiento de esa persona.

No nos preocupemos de poder recordar el nombre de una persona, en dos meses; hay que preocuparse para conocerla hoy y poder recordar el nombre en diez o quince minutos, después que se haya conocido, esa es la meta más importante, porque si lo podemos hacer,  la mente va a cuidar todo lo demás y va a saltar al banco de registros para que lo pueda recordar en el futuro. Podría ser una semana, un mes o un año.

Hay tres pasos para poder recordar cualquier cosa:

Primero, un lugar donde hay que colocar la información y lo llamamos **gancho**; segundo, la información se cambia por una **imagen**; tercero, el **pegamento** mental, lo que detiene la imagen en el gancho. Estas son las tres cosas importantes; sin embargo, si piensa que esas mismas cosas, que se necesitan para recordar, no sirven para fijar en la mente el nombre de una persona, está en lo cierto.

Lo primero que se necesita para guardar información es un gancho. En una perso-na lo llamaremos gancho visual, porque es algo que se puede ver. Un gancho vi-sual, es lo primero que nota en una per-sona, lo primero que llame la atención;  puede ser unos pendientes, una corbata, el color de la camisa, el pelo, las orejas, la nariz ó cualquier otra imagen o cosa que llame la atención.

Lo que se debe hacer cuando no conocemos a una persona, es coger un gancho visual, antes que realmente lo conozcamos; se puede ver alrededor del salón y localizar a alguien y dígase para sí qué bonito vestido está usando. Entonces llamar a la persona, señorita vestido azul; ver un señor con una pajarita gris y lo llamaremos, señor de la pajarita gris; podemos ver a una señora con cola y la llamaremos, la señora de cola de caballo; se ve un chico con un rasgo en la nariz, y lo llamaremos, Pinocho; otro

con las orejas un poco grandes, lo llamaremos, señor conejo. Nosotros no tenemos que llamarlos así, recuerde que cuando

recordemos a una persona, lo que vamos hacer es guardarlo para nosotros; ellos no sabrán cómo los identificamos, todo lo que nosotros queremos es enganchar la memoria, usando el método que nos sirve para recordar.

Al principio se hace despacio, pero en cuanto se practique, se vuelve más rápido. Solo el acto de hacerlo engancha la memoria y cuando ésta se engancha se recuerda a la gente y ésta se impresionará. La gente se sorprenderá de la habilidad que tiene de entrar a un salón

con veinte ó treinta personas, haberlas conocido y salir de allí despidiéndose por sus nombres, todos se acordarán de usted.

A la gente cuando se le llama por el nombre, en ese momento, se siente muy importante; es la palabra más dulce de un lenguaje para una persona. Sugiere atención cada vez que se usa.

Cuántas veces ha conocido una persona y convive media hora o una hora y después de una semana, se acuerda, dónde se conocieron, qué tipo de trabajo tiene, qué coche posee, dónde vive, cuántos niños tiene. ¿Pero, qué es lo único que se nos olvida?: su nombre. El nombre es lo más importante, así que hay que disciplinarnos para poder recordar los nombres.

Es muy importante observar y enfocar a la persona que se va a conocer, generalmente se escoge un gancho visual, antes que le presenten la persona. No se quede mirando fijamente el punto, mírelo, haga un contacto directo con los ojos, hay que interesarse. Fíjese en la textura del cabello, el tono de la piel, su color, fíjese en la ropa que tiene puesta, observe realmente a la persona. El acto de hacer, dar y estar interesado da buen resultado en la destreza de la gente, así que escoger un gancho visual, generalmente es muy simple.

Lo siguiente que se tiene que hacer es tomar el nombre y convertirlo en una imagen. Tenemos que acordarnos de cualquier cosa que nos dé la información, que queremos recordar y cambiarla en una imagen mental.

LA REFERENCIA UN FAMOSO

Para que comience ahora mismo a aprenderse los nombres de las personas, una de las estrategias que da un buen resultado es la relación con otra.

Toda persona tiene un banco de nombres grabados, saben el nombre de gente importante como los de científicos, escritores, deportistas, cantantes, actores, actrices, políticos, gente de la televisión, de la radio, la familia y amigos, por nombrar algunos.

Cuando le presentan a una persona, es muy seguro que la mayoría tiene el nombre de la gente antes mencionada. En este caso se hacen tres pasos:

Primero, estar muy atentos cuando dicen el nombre.

Segundo, buscar rápidamente qué gente importante lo tiene.

Tercero, hacer una relación.

Fijarse cuando diga el nombre, si la persona dice que se llama GABRIEL. ¿Quien no conoce a GARCÍA MÁRQUEZ?

Inmediatamente presuma que le están presentando este famoso escritor, hay que vivirlo, sacarle parecidos y si no los tiene INVENTARLOS.

Si la persona que le presentan se llama ISA-BEL, relaciónela con la mujer que quiera, puede ser la REINA DE INGLATERRA, la PRESLY o por qué no la PANTOJA. Lo importante es hacerlo con la que le venga primero a la imaginación.

Puede que otra persona se llame MIGUEL; creo que en este momento le viene el nombre del GRAN ciclista que fue IN-DURAIN.

Pero si el nombre no es de gente importante, puede que sea el de un amigo, un familiar o del señor del quiosco, haga lo mismo y tendrá iguales resultados.

Este método da un buen resultado, pero hay otro que es mucho más fiable: el que es a través de imágenes mentales.

Por medio de imágenes

Si conoce a una persona llamada Graciela, el nombre es abstracto, se tiene que tomar el nombre y convertirlo en una imagen, ésta podría ser una GACELA; si el nombre es Guillermo la puede convertir en un TERMO; si es Marta, la imagen se puede transformar en una MANTA o si es Ximena, la imagen podría ser una CHIMENEA.

Este es un punto importante, no importa las imágenes que escoja para ese nombre, especialmente con los nombres propios usted va a conocer más de un Alberto y más de un Darío. Una vez que se haya establecido estas imágenes, verá que poco a

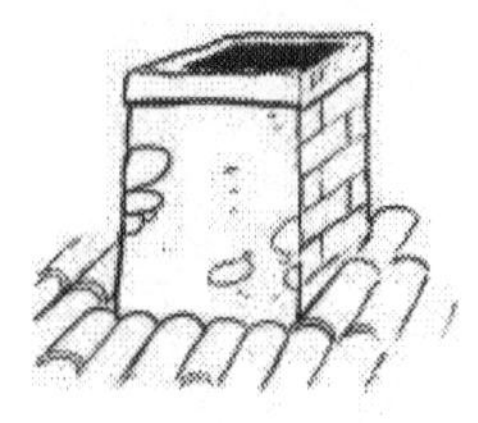

poco creará un vocabulario visual; un vocabulario de imágenes asociado a cada nombre. Eso quiere decir que se ha deshecho

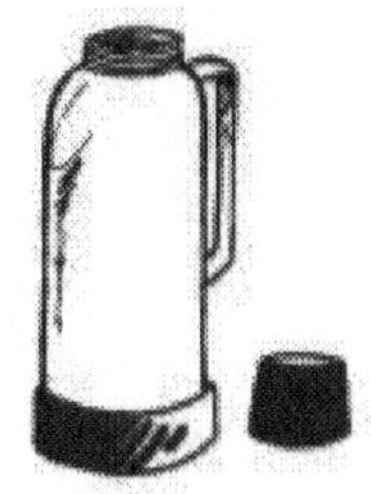

de los nombres y ha establecido imágenes constantes, es decir, Graciela, ahora ya no es Graciela, es una GACELA; Guillermo, tampoco es Guillermo, es un TERMO; Marta será una MANTA; Ximena una CHIMENEA; Alberto un ALFABETO y Darío un DIARIO.

Tenga en mente este importante punto, no tiene que usar la imagen del ejemplo, porque es sólo para dar una idea, y algunas sugerencias para que esto sea efectivo. Las imágenes son sólo imágenes, son básicas y fáciles de imaginar. En otro punto importante, es que escoja la que es mejor para Ud. y una vez que ya decidió la imagen, es la que va a utilizar todo el tiempo.

Mire detalladamente a cada persona y sáquele el gancho a cada una, porque esta es la base para poder recordar el nombre exacto de cada una de ellas. Todas tienen varios ganchos, escoja el que más le llame la atención.

La primera persona podría ser, la señora de los pendientes.

La segunda persona puede ser, la señora de la moña.

La tercera persona, el señor de la corbata de rayas.

La cuarta persona, la chica de las gafas.

La quinta persona, el chico de la nariz.

La sexta persona, el señor del jersey.

Estos son sólo ganchos que se les sacaron a cada una, pero como se ha dicho, cada persona puede escoger el que mejor le parezca; toda persona, sin duda, tiene varios, como se ve en las fotos. El señor de la corbata, también podría ser el señor del bigote o la señora de los pendientes, la señora del collar. 

Teniendo ya estos ganchos se va al vocabulario de las imágenes.

Guillermo	TERMO
Graciela	GACELA
Marta	MANTA
Alberto	ALFABETO
Ximena	CHIMENEA
Darío	DIARIO

Cuando ya se sabe el vocabulario de imágenes, hay que acudir a él y con una buena imaginación se va relacionando las imágenes correspondientes con el gancho que se le sacó a cada persona.

La primera persona, es la señora de los pendientes y el nombre es Graciela, en el vocabulario de imágenes, Graciela corresponde a GACELA y se relaciona con el gancho escogido (pendientes). Para que el nombre de esta persona sea difícil de olvidar, nos imaginamos que los pendientes que tiene puestos son unas enormes gacelas que están colgando en las orejas.

La segunda persona, es la señora del moño y su nombre es Marta. En el vocabulario de imágenes Marta pertenece a MANTA, también MANTA la relacionamos con el gancho escogido (el moño) y hacemos una historia con estas palabras claves. Aquí la  imaginación juega un papel muy importante; nos imaginamos que la señora tiene una enorme MANTA en la cabeza en lugar del bonito moño.

La tercera persona, es el señor de la corbata de rayas. Su nombre es Guillermo.

En el vocabulario de imágenes Guillermo es TERMO y se vuelve a hacer la misma relación con el gancho (corbata de rayas). La historia que se hace mentalmente será que este señor en vez de tener corbata le cae del cuello un TERMO.

La cuarta persona, es la chica de gafas. Su nombre es Ximena. En el vocabulario de imágenes pertenece a CHIMENEA y el gancho (gafas). Se ve que esta chica que en vez de las gafas tiene una enorme CHIMENEA.

La quinta persona, es el chico de la nariz. El nombre es Darío. En el vocabulario de imágenes es DIARIO y el gancho (nariz). Se ve

imaginariamente que por la nariz le está saliendo un periódico
(DIARIO).

La sexta persona, es el señor del jersey.
Su nombre es Alberto. En el vocabulario Alberto es ALFABETO y el gancho
(jersey). Vemos imaginariamente que el jersey está hecho por
todas las letras del abecedario.

Cuando se hacen todas estas estrambóti-
cas historias, es muy difícil que se olvide
el nombre de estas personas, porque al
mirarlas al instante, uno ve el gancho y
con el gancho la palabra del vocabulario
de imágenes y con la imagen ya sabe el
nombre de la persona.

Si ve el señor de la corbata sabe inmediatamente que se llama Guillermo. Al mirar la corbata se ve imaginariamente el
TERMO y TERMO corresponde a Guillermo.

Al chico de la nariz, se llama Darío
porque sale un DIARIO por la nariz y
DIARIO pertenece a Darío.

Sabrá decir que la del moño es Marta,
que la de los pendientes es Graciela,
la de las gafas, Ximena y el del jersey,
Alberto.

Ahora encuentra un listado de nombres con las imágenes más adecuadas. Si la imagen no le gusta, por algún motivo, no dude en cambiarla por la que mejor le parezca.

Masculinos

Adán	Alacrán
Agustín	Calcetín
Aitor	Autor
Alberto	Alfabeto
Alejandro	Balandro
Alfonso	Sonso
Alfredo	Enredo
Álvaro	Avaro
Andoni	Andamio
Andrés	Ajedrez
Ángel	Argel
Antonio	Antojo

Arturo	Apuro
Augusto	Agosto
Bernardo	Verano
Borja	Bota
Carlos	Arcos
Celso	Seso
César	Pesar
Claudio	Clavo
Cristian	Cristiano
Daniel	Piel
Darío	Diario
David	Madrid
Diego	Ciego
Eduardo	Educado
Emilio	Edilio
Enrique	Meñique
Ernesto	Banesto
Felipe	Gripe
Félix	Feliz
Fernando	Mando
Fidel	Fiel
Francisco	Franco
Gerardo	Geranio
Germán	Caimán
Guillermo	Termo

Gustavo	Octavo
Héctor	Director
Hernando	Herrando
Humberto	Tuerto
Ignacio	Gimnasio
Íñigo	Trigo
Ismael	Pastel
Iván	Imán
Jaime	Jeme
Jairo	Jarro
Javier	Caviar
Jesús	Venus
John	Ron
Joaquín	Cojín
Jonatan	Patán
Jorge	Forje
José	Coche
Juan	Pan
Julio	Judío
Koldo	Toldo
Luis	Lombriz
Manuel	Mantel
Miguel	Miel
Moisés	Meses
Omar	Tomar

Oscar	Mascar
Pablo	Palo
Pedro	Perro
Rafael	Cartel
Ramón	Jamón
Raúl	Baúl
Roberto	Huerto
Rodrigo	Mendigo
Rubén	Reten
Salvador	Asador
Santiago	Recargo
Sebastián	Pakistán
Sergio	Serbio
Tomás	Tórax
Víctor	Vector
Vicente	Cliente

Femeninos

Adriana	Arena
Ainoa	Canoa
Aitana	Gitana
Alba	Haba
Alexa	Calesa

Alexandra	Malandra
Alicia	Caricia
Almudena	Cadena
Amaya	Maya
Amparo	Reparo
Ana	Rana
Anabel	Cascabel
Andrea	Diarrea
Ángela	Ancla
Angélica	Telegénica
Antonia	Estonia
Astrid	Madrid
Aurora	Hora
Azucena	Maizena
Beatriz	Matriz
Begoña	Retoña
Belén	Bailén
Belinda	Venda
Berta	Huerta
Blanca	Vaca
Camila	Camilla
Carla	Carta
Carmen	Carne
Carolina	Alcalina
Catalina	Medicina

Cecilia	Sicilia
Celia	Camelia
Celina	Felina
Clara	Cara
Claudia	Alubia
Covadonga	Conga
Cristina	Latina
Dayanna	Rayana
Diana	Divina
Edilma	Calima
Edith	Huid
Elena	Melena
Elisa	Repisa
Elsa	Besa
Elvia	Novia
Elvira	Vampira
Erica	Burrica
Esperanza	Panza
Estefanía	Medianía
Ester	Éter
Estívales	Vales
Eugenia	Fotogenia
Eva	Breva
Fátima	Fama
Gilma	Alma

Gladis	Quo Vadis
Gloria	Victoria
Graciela	Gacela
Idoya	Cebolla
Imelda	Celda
Inés	Talvez
Inmaculada	Matriculada
Irene	Nene
Isabel	Cartel
Juana	Campana
Judith	Judía
Julia	Abulia
Juliana	Villana
Lara	Tara
Laura	Laca
Leonor	Honor
Lidia	India
Liliana	Lana
Lola	Boba
Lorena	Verbena
Loreto	Loto
Lourdes	Aturdes
Lucía	Acudía
Luisa	Tiza
Luz	Noche

Mabel	Clavel
Macarena	Morena
Magdalena	Madalena
Maica	Marca
Malena	Melena
Mar	Amar
Marcela	Parcela
María	Marea
Mariam	Caimán
Maribel	Ifel
Mariela	Muela
Marina	Mina
Marisa	Camisa
Marisol	Aerosol
Marlen	Sartén
Marta	Manta
Maruja	Aguja
Mary	Lady
Masiel	Ujier
Matilde	Tilde
Mayte	Marte
Mercedes	Redes
Mireya	Maya
Mirian	Vivian
Mónica	Cónica

Montse	Morse
Natalia	Italia
Nerea	Correa
Nidia	Lidia
Nieves	Nieve
Noemí	Redimí
Nora	Llora
Norma	Reforma
Nubia	Rubia
Nuria	Nutria
Olga	Volga
Omaira	Malaria
Paloma	Palma
Patricia	Patria
Paula	Jaula
Paulina	Manila
Penélope	Antílope
Pilar	Pila
Raquel	Mantel
Rocío	Vacío
Rosa	Roja
Rosario	Armario
Ruth	Avestruz
Sandra	Sidra
Sara	Sana

Silvia	Silba
Sofía	Sofá
Sonia	Sony
Soraida	Sorda
Soraya	Raya
Susana	Sauna
Támara	Cámara
Teresa	Cereza
Vanessa	Danesa
Verónica	Biónica
Vianca	Avianca
Victoria	Vitola
Virginia	Vigilia
Viviana	Liviana
Ximena	Chimenea
Yamile	Clotilde
Yanet	Yate
Yesica	Música

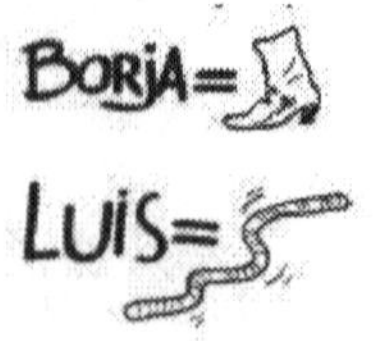

En este momento ya se ha establecido un vocabulario visual muy importante para nombres propios. Cuando se haya grabado en la mente cada día se va a ampliar al introducir otros nombres que le interese. La lista anterior es solamente una muestra para formar un vocabulario personal y así será más fácil. No hay que pensar en la palabra y la definición, aquí las palabras son sólo imágenes.

Una vez que se hayan establecido los nombres, el trabajo está prácticamente hecho. Recordar los nombres es una de las cosas más fáciles que se puede hacer. Con este sistema hay gente que está en una reunión, le presentan veinte o treinta personas y a la media hora sabe los nombres propios. Es muy fácil porque ya tiene establecido un vocabulario con la imagen.

Para que se ejercite y tenga más agilidad hay que hacerlo a la inversa: ver la imagen y enseguida dar el nombre que pertenece. La imagen PERRO, es perro.

Judía	Julia
Lombriz	Luis
India	Lidia
Coche	José
Gacela	Graciela
Jamón	Ramón
Sartén	Marlen
Ciego	Diego
Cámara	Támara
Baúl	Raúl
Sauna	Susana
Imán	Iván

Haciendo estos ejercicios se desarrolla más la imaginación y podrá recordar con mucha facilidad los nombres de las personas.

A continuación se encontrará con diez fotografías con el nombre de cada una de ellas y lo que tiene que hacer es verlas y aprenderse esos nombres. RECUERDE que lo primero que se hace es sacarle el GANCHO y trabajar sobre él.

LOS APELLIDOS

Tratar con nombres propios es fácil cuando se unen los conceptos y se aplican. Es fácil de recordar el primer nombre de las personas porque el vocabulario ya se ha establecido.

Los apellidos son un poco más difíciles; cuando se conoce a alguien y le dan el apellido, se tiene que tomar un tiempo para cambiar ese nombre a una imagen, pero primero hay que practicar mucho con los nombres propios, para sentirse más seguro y luego, se tiene que preocupar por los apellidos.

Para grabar los apellidos se separan en sílabas; independientemente se toma cada sílaba de manera que se oiga cada una y se cambia a una imagen.

Hay veces que una sílaba no funciona, así que se pueden tomar dos ó tres sílabas al mismo tiempo.

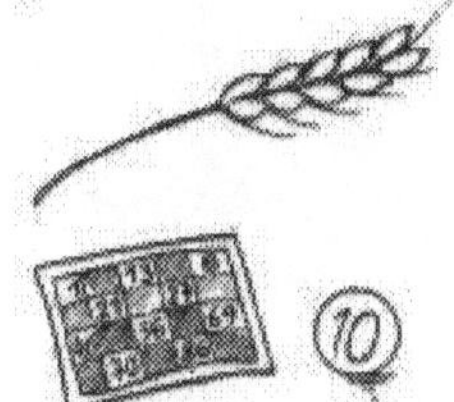

Tomar como ejemplo el apellido TRIBÍN. Si separan por sílabas, la primera es TRI, que da una imagen de TRIGO y la segunda BIN, que da otra de BINGO. Con las dos imágenes se hace una historia. Se ve un TRIGO jugando al BINGO que da la imagen al apellido TRIBÍN.

El apellido GONZÁLEZ; la primera sílaba es GON lo que da una imagen de GÓNDOLA; la siguiente es ZA que da una de ZANCO o sea que la imagen sería una GÓNDOLA cargando un ZANCO; la tercera es LEZ, que da una imagen de LEZNA y la imagen final sería una GÓNDOLA cargando un ZAN-CO con una LEZNA. Pero, si se quiere simplificar el apellido GONZÁLEZ se puede llevar al nombre, GONZALO.

Los apellidos pueden ser un poco más problemáticos porque se debe estimular la atención, pero haciendo esto, después resultan más fáciles.

Aprender un escrito

Muchas personas cuando leen una página de un libro de cualquier tipo de lectura, se detienen y siguen. Y no saben lo que leyeron. ¿Qué ha sucedido? Que la mente, en ese momento, está errante, y aunque esta leyendo frases la mente está pensando otra cosa. Así que

hay una técnica que se puede aplicar para engranar y enfocar

lo que se está leyendo. Se darán unas ideas generales, que son específicas y que si se hacen exactamente, dan grandes resultados.

Cuando está leyendo siempre hay que hacerlo como leyéndole a otra persona. Cuando está leyendo una información hay que visualizar con la mente, como si le estuviera leyendo a alguien, porque le pone más atención a las cosas que se dice, que lo que dicen otras personas.

Mientras está leyendo un libro, se puede imaginar en la mente, que lee y está diciendo esas palabras a otra persona; esto atrae la memoria. Hay otra razón muy importante, si imagina, la mente puede enfocar una imagen a la vez, pero fijándose en la mente

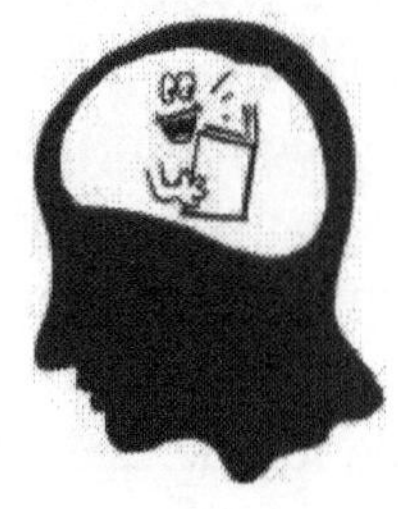

a uno mismo, diciendo estas palabras según se vaya leyendo, por lo que la mente no se puede distraer. La mente no puede estar en dos lugares al mismo tiempo, así que en este momento la mente está bloqueada, porque ella está causando un enfoque a lo que se lee. Este método le ayuda a recordar mucho más datos que leyendo normalmente, por el proceso de engranar la memoria. El proceso de hacer que la memoria se enfoque, aumentará sustancialmente su efecto.

Según se vaya leyendo, debe imaginarse en la mente que lo está diciendo a alguien más.

Ahora piense en esto: imagínese y visualice en la mente como si le estuviera diciendo a un estudiante al que le está leyendo, cuando se lee algo en la visión mental, que se dice, pero no se entiende, por tanto con la mente, hacerse pasar por el estudiante y hacer una pregunta ¿por qué? Cuando se lee y no se entiende totalmente se tiene que preguntar la causa o, de lo contrario, se bloquea el proceso de engranaje. Cuando se tiene una palabra que no se entiende o una frase sin comprender o una oración que no tiene sentido, según se continúe leyendo la mente dirá: qué quiere decir esta palabra, no se entiende. Lo que se diga de ahí en adelante, no va a la memoria y ésta se bloqueará y no hay que seguir adelante. Mentalmente deberá preguntarse qué significa esa palabra y con el diccionario en la mano investigue el significado y luego explíqueselo al compañero imaginario. Esto hace que se vuelva a engranar, se produce el enfoque. Hay una pequeña cosa extra por hacer para darse cuenta y estar enterado de lo que está leyendo o estudiando. Si se

pregunta mentalmente que no entiende la frase que acaba de decir ¿por favor la podría cambiar? Otra vez se está hablando en la visión mental y luego reconstruya lo que acaba de leer al compañero imaginario y cuando se repite se crea una explicación; cuando se crea algo se sabe, cuando se cambian las cosas en la visión mental se tiene una herramienta para poder

ver en la memoria porque cuando se cambia algo esto causa ir dentro de la etapa de ver-localizar y que salgan todos los datos y se entienda lo leído. Esto origina tener una mayor habilidad para recordar todos los datos después, ya sea para un examen ó para cualquier cosa, tiene implicaciones muy poderosas.

Está leyendo un capítulo para un examen y otra vez se lee en la visión mental dirigiéndose a un salón de clases imaginario; también Ud. se pregunta si se puede volver a repetir despacio las frases de las que no ha entendido ninguna palabra, investigue y añada

un último paso. Este paso es cuando se encuentra algo que se está leyendo que cree y considera que sobre eso le van a preguntar, en la visión mental, decir al salón imaginario que se asegure en recordar esto porque probablemente toque en el examen, eso se dice en la mente y es cuando se escribe una nota, y esta debe ser una palabra clave o frase de lo que se haya

leído, algo que se pueda llevar al salón y le pueda ayudar con cierta información, un sumario muy pequeño, entre más pequeño mejor, bien condensado, una palabra o frase es mejor, así se terminará con una página de notas.

Esto es muy importante si dos personas leen un capítulo, una lo hará de la forma normal a lo mejor subrayando palabras y la otra de la manera nueva y ésta podrá recordar muchos más puntos porque usó la técnica de engranar la memoria, mientras la otra 

no. Se puso mayor énfasis y enfoque en los datos que la otra persona, y hasta este momento tiene mayor oportunidad de lograr un mejor examen.

Ahora tome las notas iniciales y abreviarlas más porque esa palabra o frase encierra mucha información y lo único que se necesita es esa pequeña clave.

Otra es tomar las palabras o frases y cambiarlas a imágenes, se dividen las palabras en sílabas, se cambia cada una en palabras que tengan el mismo sonido y pasarlas a imágenes, una a la vez, tome el tiempo necesario y cuando se haya cambiado a imágenes tome cada una de éstas y hacerlas vivas. Es decir, cada una de ellas encadenarlas o unirlas formando una historia; se pueden tener muchas imágenes, pero cuando se hacen historias extravagantes es difícil de olvidarlas. Repasarlas varias veces y quedará toda la información en la memoria. Esta técnica es muy poderosa y cualquier persona puede usar para recordar a la hora de presentar los exámenes. Se puede hacer una historia virtualmente con mil imágenes y recorrerla y visualizarla en la mente en cinco o diez minutos. Así cada imagen le va dar una frase o la palabra ideal y con ellas podrá recordar mucha información. Se puede trabajar duro o inteligentemente, estudiar varias horas en la noche con 

el método antiguo de la repetición o puede usar un método inteligente, este método reduce el tiempo y lo más importante es que no se olvida.

Imagínese que está en una clase y el profesor habla mientras Ud. escucha. No escriba nada porque no se puede escuchar y escribir al mismo tiempo, no se puede poner atención a lo que se diga y escribir notas porque, por lo general, no ve las notas; lo que tiene  que hacer es poner atención a lo que el profesor está diciendo. Ahora la regla es, cuando se está escuchando al profesor hay que visualizar en la mente que él solamente se está dirigiendo a Ud., si eso es cierto hay que hacer una cosa para ayudar y lograr engranar la memoria y esto se consigue haciendo preguntas. Cuando uno está escuchando esa información y no comprende: preguntar. Cuando se escuche, tratar de repetir que es lo que está diciendo con sus propias palabras, esto facilita guardarlo en la memoria para saber la información. Cuando salga de la clase después de haber escuchado atentamente y repasado los asuntos en la mente ha entendido lo que ha dicho

 el profesor. Nadie más estaba escuchándolo, todos estaban ocupados tomando notas así que uno va a recordar más de lo que enseñaron en la clase que cualquier otro alumno porque no tomó notas. Se recuerda más porque se puso atención y pensó de diferente manera; hizo preguntas, se repasó en la mente para que se acordara más que cualquier otro compañero que tomó notas, porque él no estaba poniendo atención. Cambiando las cosas a imágenes y comprometiendo a la memoria, ayuda a enfocar los datos. La otra manera para que se puedan

recordar las cosas es usando el viejo método de repetir y repetir; esto no funciona, si se ve un objeto, una palabra o
una frase, trate de cambiarla hacia una
imagen usando el poder de la imaginación, porque esto es una buena manera
de estudiar.

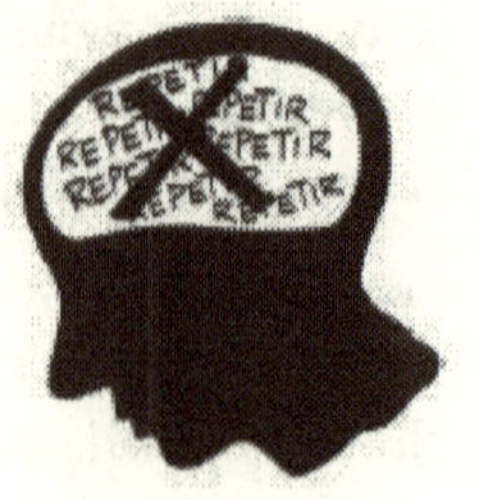

Memorización de un texto

A la gente se le dificulta cuando tiene que grabar un escrito al pie de la letra. Este método sirve para todo estudiante que quiere aprenderse una lectura, o actores y actrices que tienen que memorizar diálogos sin que les falle una coma.

Primero: léalo detenidamente y haga de cuenta que le está hablando a una persona para que la mente no se distraiga porque uno está más atento cuando le habla a otra persona que cuando alguien le está hablando.

Segundo: tome el texto y divídalo en "trozos" para poderlo memorizar mejor (párrafos, oraciones, frases, conceptos o palabras).

Tercero: leerlo en voz alta poniendo especial atención a las palabras claves de cada trozo, porque ellas representan todo el escrito.

Cuarto: trasladar el principio de cada trozo a imágenes mentales.

Quinto: enganchar éstas imágenes y hacer una historia.

Ejemplo: hacer el esfuerzo de aprenderse de memoria lo siguiente que escribió QUEVEDO.

La amistad interesada (fácil es de conocer) es unión desunida, y no se disimula. El interés es obra del arte y no del genio, y el arte no se encubre mucho tiempo. El amigo interesado mira a su amor propio; el verdadero, sólo al bien del amigo.

Después de cortar en trozos se verá así:

1. **La amistad** (...interesada fácil es de conocer)

2. **es unión** (...desunida, y no se disimula.)

3. **El interés** (...es obra del arte y no del genio, y)

4. **el arte** (...no se encubre mucho tiempo.)

5. **El amigo** (...interesado mira a su amor propio)

6. **el verdadero,** (...sólo al bien del amigo.)

Teniendo ya preparado y a trozos se comienza a convertirlas en imágenes y se hacen historias con ellas.

Se toma el primer trozo.

1. **La amistad** (...interesada es fácil de conocer).

La palabra AMISTAD se convierte en una imagen y se hace una historia con el resto de palabras, Así, por ejemplo, podría ser una de sus amigas favoritas (en este caso representa AMISTAD) que es muy interesada y fácil de conocer. Si se vive y se siente que realmente su amiga favorita es lo que dice esa frase ya se aprendió el primer trozo.

El segundo trozo.

2. **es unión** (...desunida, y no se disimula).

Vea mentalmente que una UNIÓN (puede ser un matrimonio) que la novia está desunida y no lo disimula. Hay que sentirlo y, sobre todo, que lo que está viendo en la mente es lo más cierto posible. Repase mentalmente y seguro que ya se grabó el segundo trozo.

El tercer trozo.

3. **El interés** (...es obra del arte y no del genio, y).

Lo mismo como en las anteriores frases se fabrica otra historia similar. EL INTERÉS (el del banco) que es una obra de arte y no de un genio. También ese INTERÉS se va uniendo con el resto de palabras y se repasa bien hasta que el mensaje quede claro.

El cuarto trozo.

4. **el arte** (...no se encubre mucho tiempo).

Se hace otra historia con la imagen del ARTE, podría ser que el ARTE (el de la pintura) puede imaginarse a FERNANDO BOTERO cubriendo sus personajes gordos todo el tiempo. Cuando la mente lo haya registrado, seguro que le queda ya grabado el trozo, el arte no se cubre mucho tiempo.

El quinto trozo.

5. **El amigo** (...interesado mira a su amor propio).

La historia puede hacerla cualquier persona como mejor le parezca y ahora se
tiene que incluir en ella la imagen de un
AMIGO (si es el mejor, lo recordará con
mayor facilidad), que está muy interesado en su amor propio.

El sexto trozo.

6. **el verdadero,** (...sólo al bien del amigo).

Con la palabra VERDADERO, se busca una imagen que le
recuerde con facilidad esta palabra y puede ser la imagen de
un barrendero que está sólo por bien de un amigo.

Teniendo las imágenes mentales se enlazan entre sí, para luego
recordar con facilidad lo que se grabó. Practique con otros
escritos hasta que se le facilite y lo haga en el menor tiempo
posible.

Aprender números de teléfonos

Para que de hoy en adelante no tenga que recurrir a la agenda para mirar los números de teléfonos, hay un sistema fácil para recordar. Si quiere saber el teléfono de: familiares, amigos, el del colegio, el centro de salud, el abogado, el médico, el aeropuerto, etc. lo cual, si tiene como fin primordial la comodidad y utilidad, con un buen método no tendrá necesidad de consultar la guía telefónica porque se llevan registrados en la mente.

Consiste en transformar el número en una palabra o frase (por el procedimiento del cambio de números por letras). Se toma el número del teléfono que se quiere recordar formando una palabra o frase y luego se relaciona en la imaginación el sentido de dicha palabra o frase con la persona usuaria del teléfono. Cuando en la práctica se tenga la necesidad de

llamar telefónicamente a esa persona, se evoca en la mente y nos vendrá sin esfuerzo la relación que se ha establecido entre ella y la palabra o frase transpuesta, en la cual se "lee" el número de teléfono y no hay más que marcarlo.

Si todavía no se ha grabado las 109 palabras, con las diez primeras que se aprenda es suficiente para los ejercicios que se van a realizar, y para que quede más claro se recuerda la consonante con el número correspondiente.

N = 1	D = 2	T = 3	C = 4
S = 5	L = 6	M = 7	CH = 8
V, B = 9	R = 0		

Se tiene que saber a la perfección el valor que tiene cada consonante y recordar que las vocales y el resto de consonantes no tienen ningún valor en las frases compuestas.

En la composición de dichas frases transpuestas pueden suceder dos casos:

Primero. Se halla una palabra o frase cuyo sentido tenga una relación directa y lógica con el nombre, apellido o profesión de la persona. Entonces hay que aprovechar esta circunstancia. Por ejemplo: se conoce a un abogado, cuyo número de teléfono es "91 090 62 10", el cual puede transportarse con la frase:

Van a **r**oba**r** e**l d**i**n**e**r**o

9 1　 0 9 0 6 2 1 0

Y es evidente que se recordará fácilmente, relacionada precisamente con un abogado.

Pero se advierte que esto es lo menos frecuente, y es, casi siempre, fruto de la casualidad o de laboriosas investigaciones el hallar estas frases de relación directa. No se puede contar con ellas para registrar en la memoria una gran cantidad de números de teléfonos.

Segundo. Otras veces las frases halladas no tienen relación directa ninguna con la persona o profesión de ella; pero entonces viene la imaginación con el ingenio y establecen una relación más o menos natural. Esto es relativamente fácil, y el más o menos éxito dependerá de la fantasía de cada uno. Además es el método clásico y el que se debe seguir si se quiere llegar a memorizar una cantidad cualquiera de números telefónicos.

Fácilmente se comprende que debe ser trabajo personal de cada uno el hallar las frases y relaciones para los números que les interesen. Pero para orientar en el trabajo se pondrán algunos ejemplos:

Ejemplo 1. Suponga que desea memorizar el teléfono particular del médico y el número es 93 254 68 15. Para memorizarlo se busca, entre otras, esta frase que lo traduce:

Bota dos colchones

9 3 25 46 8 15

Esta frase, en sí misma, no tiene relación ninguna con el médico, y si se ve imaginariamente al médico botando dos colchones en la consulta, seguro que el número telefónico recordando la frase establecida será el 93 254 68 15.

Ejemplo 2. Desea guardar en la memoria el teléfono de su mejor amigo que se ha comprado un teléfono móvil. Él se llama Guillermo y el número que le asignaron es el 614 13 69 79.

Para dicho número se encuentra, entre otras, la frase siguiente:

La niña canta la bamba

6   1   4 13 6 9 7 9

Esta frase que salió tiene sentido, así también saldrán muchas frases dependiendo el número de teléfono que se quiera.

Ya con la frase compuesta la unimos con el nombre y se hace la historia para que quede grabada en la mente. Guillermo es muy feliz cuando "la niña canta la bamba".

Cuando ya se tiene esta historia registrada en la mente y más adelante se quiere llamar, es fácil porque se piensa en la historia y con las consonantes de las palabras al traducirlas queda el teléfono de Guillermo que es el 614 13 69 79.

Ejemplo 3. Necesita grabar el teléfono de la oficina o de la empresa donde trabaja y el número de teléfono es el 91 574 00 15.

Para este número la frase puede ser:

Vinos y macarrones

9 1 5   7 4 00 1 5

Se hace la historia de que va al trabajo solamente a tomar "vinos y macarrones". A menudo al querer relacionar una frase hallada con el número correspondiente, la imaginación hallará sólo relaciones ilógicas, absurdas o ridículas. 
En este caso no se debe preocupar por lo extravagante de la relación si con ella consigue el fin pretendido.

Aprender los números de los documentos

Se sabe hasta este momento el método para grabar los números de teléfonos que más se utilizan y para grabar los números de la tarjeta de crédito, el D.N.I. el carnet de conducir, la placa del coche, etc. y se emplea el mismo sistema.

Aprender el número del D.N.I.

Hay mucha gente que cuando necesita recordar en el momento el número del D.N.I. se le ha olvidado y para recordarlo correctamente hay que hacer una frase o, si es mejor, buscar una sola palabra que contengan los números y la letra del D.N.I. Suponer que el número es: 7 6207 34 S

La palabra puede ser:

Melodramáticos

7 6 20 7 3 4 S

En este ejemplo salió solamente una palabra, pero dedicando un tiempo para conseguirla. Pero si no se consigue hay que buscar una frase con la menor cantidad de palabras posibles. Teniendo la frase o palabra hay que relacionarlo con el D.N.I. Imagínese el D.N.I. por delante y por detrás que solamente contiene la palabra "melodramáticos".

Cuando tenga la necesidad de recordar el número del D.N.I. hay que llevar la mente a él y seguro que va recordar la palabra que contiene por ambos lados (melodramáticos) y las consonantes traducirlas al número correspondiente teniendo en cuenta que la última consonante no se debe traducir porque permanece igual.

Aprender la matrícula de los coches

Si tiene un coche o necesita grabar una placa cualquiera que sea también se busca una frase que contengan las letras y números de ella como se observa en el siguiente ejemplo:

La matricula del coche es M 1998 VF

Se busca una frase que puede ser, entre otras, la siguiente:

Mono vivo chivo feo

M 1 99 8 V F

Teniendo la frase como en este caso absurda, se relaciona con el dueño del coche y se hace una historia viendo al propietario (Guillermo) transportando en el coche a un "mono vivo y un chivo feo". Haciéndola ridícula queda  grabada en la mente y cuando se quiere recordar se piensa en la historia teniendo en cuenta que la primera y las dos últimas consonantes son letras y el resto de consonantes serán números.

Aprender el número de la cuenta de ahorros

Para grabar en la mente el número de la cuenta de ahorros se hace igual que si fuera un teléfono, pero con veinte números. Los cuatro primeros indican la entidad; los cuatro siguientes el número de la oficina; los dos siguientes el (D.C); y los restantes el número de la cuenta. Si se quiere grabar la cuenta Nº 7045 4566 37 2541358126 que pertenece a la caja de Madrid.

Se busca una frase tratando que la primera y segunda palabras tengan cuatro consonantes y la tercera con dos (para saber la entidad, oficina y el D.C) las siguientes palabras no interesa la cantidad de letras, porque lo importante es tratar de darle un poco de sentido a la frase. Esta puede ser:

Marcos casilla timo doscientos chándal

7   04 5 4 566 3 7   2 54 13 5 8   12 6

Con esta frase y un poco de sentido, el poseedor de la cuenta de ahorros se imaginará a "Marcos con una casilla timó doscientos chándal en la caja de Madrid"

Utilizando las partes del cuerpo

Para tener una buena memoria hay que usar varias alternativas y según lo que se llegue a realizar se utiliza la más adecuada. Otra de las alternativas para registrar datos en la mente es utilizar como claves las partes del cuerpo de cada persona comenzando de arriba hacia abajo.

Se utilizan veinte partes que son:

EL PELO

LA FRENTE

LAS CEJAS

LOS OJOS

LA NARIZ

EL BIGOTE

LA BOCA

LA BARBILLA

EL CUELLO

LOS HOMBROS

LOS CODOS

LAS MANOS

EL PECHO

EL OMBLIGO

LA CADERA

LOS MUSLOS

LAS RODILLAS

LAS CANILLAS

LOS TOBILLOS

LOS PIES

Teniendo esta lista de palabras se repasa mentalmente hasta que se visualicen a la perfección teniendo en cuenta que no hay que saltarse ninguna parte, es decir, que si está en la frente, no hay que pasar a la boca, sino seguir con las cejas para que no se pierda la secuencia.

Con esta serie de claves se puede grabar un listado de cosas igual que se hizo con las 109 palabras claves.

Hay mucha gente que escucha una cantidad de cuentos y cuando los quiere contar a los amigos, ya no los recuerda y para que esto no le suceda, cuando escuche un chiste, ponga mucho cuidado y saque rápido un gancho (con él recordará el chiste completo), el gancho se convierte en una 

imagen y se engancha con la primera parte del cuerpo que es el PELO y se hace una historia. Se darán unos ejemplos con chistes para mayor comprensión.

Un paciente se encuentra en la cama y mira fijamente la barba del médico antes de dormirse para la operación. Cuando despierta, otra vez ve la barba.

- Gracias, doctor, que me ha salvado la vida...

- Yo no soy el doctor: ¡SOY SAN PEDRO!

En este chiste el gancho podría ser "LA BARBA DE SAN PEDRO" que de inmediato se une y se hace la historia con la clave (PELO). Imagínese que en el PELO lleva la BARBA DE SAN PEDRO.

Un hombre tiene que viajar a Munich por cuestiones de negocios. Antes toma un curso de Alemán acelerado.

De regreso a España, un amigo le pregunta:

- ¿Tuvo dificultades con el Alemán?

- ¿Yo? ¡yo no! Quienes tuvieron dificultades fueron los alemanes.

El gancho del chiste puede ser: "EL CURSO DE ALEMÁN". Enganchar y hacer la historia con la siguiente clave (LA FRENTE). Por la frente siente que le está saliendo un CURSO DE ALEMÁN.

Un matrimonio contempla un programa de televisión, y el marido no puede ocultar el éxtasis que le produce la visión de la joven y bella presentadora.

Por fin, la mujer se enfada, y no puede por menos de exclamar:

¡No sé qué le ves a esa jovencita!

Quítale esa cabellera rubia tan llamativa y ¿qué queda?

Queda la mujer calva más hermosa del mundo.

"LA PRESENTADORA CALVA" puede ser el gancho del chiste y se relaciona con la siguiente clave (LAS CEJAS). Imaginariamente vea que le sale por las CEJAS una hermosa "PRESENTADORA BIEN CALVA".

Durante la fiesta de fin de curso, cuando de repente se apagaron las luces, hubo grititos y risas.

Pero la más encantada fue una chica, que susurró en la oscuridad:

Oh, Juan, nunca habías hecho conmigo esto tan delicioso...

- Es que no soy Juan -le susurraron en el oído.

El gancho será, entre otros, "LA CHICA ENCANTADA" y también se relaciona con la clave siguiente (LOS OJOS). Vea que por LOS OJOS se sale una "CHICA QUE ESTA MUY ENCANTADA".

Esto, es lo que se tiene que hacer siempre que quiera grabar cualquier chiste, utilizando como claves las partes del cuerpo, y cuando ya se aprenda los chistes y los haya encadenado con las palabras claves, seguro que va a recordarlos todos. Lleve la mente a la clave PELO y seguro que se le viene a la imaginación "LA BARBA DE SAN PE-

DRO". Teniendo esta referencia se acordará del contenido del chiste y así podrá contarlo a los amigos con todos los detalles.

Trasladar ahora, la imagen a la clave LA FRENTE y también se recuerda el chiste del "CURSO DE ALEMÁN"; A LAS CEJAS el cuento de la "PRESENTADORA DE TELEVISIÓN"; a LOS OJOS el chiste de "LA CHICA ENCANTADA".

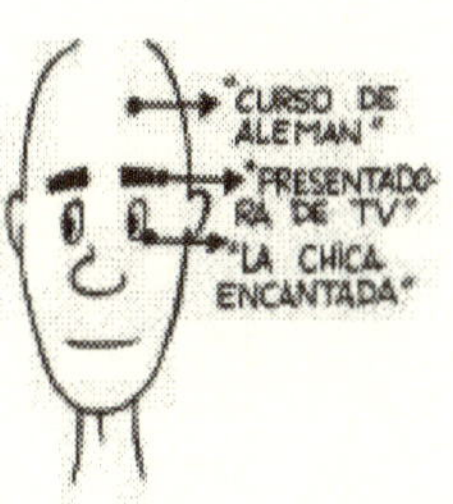

Pero si no quiere utilizar las partes del cuerpo, también se puede tomar los GANCHOS de cada chiste, encadenarlos y hacer una historia extravagante para poder recordar mejor cada GANCHO y también el chiste.

La historia sería: que en "LA BARBA DE SAN PEDRO" se está estudiando un "CURSO DE ALEMÁN" dictado por una "PRESENTADORA DE TELEVISIÓN" y en él hay una "CHICA MUY ENCANTADA", etc.

Una sorpresa...

Los estudiantes que estaban esperando encontrar en este capítulo los primeros deberes para iniciar la disciplina de los cálculos mentales de alto vuelo, tienen una sorpresa que les he preparado.

Se trata de unas felices vacaciones que servirán de descanso antes de iniciar los estudios que he llamado "universitarios". Como en la vida estudiantil normal se toma un descanso al terminar el bachillerato, nosotros también lo haremos. Pero no habrá viajes al campo, ni temporadas de sol en la playa, ni visitas internacionales. No, señor. Nuestras vacaciones consistirán en una breve temporada de pasatiempos matemáticos, de juegos de números, de pequeños trucos que servirán a todo el mundo para  entretener a familiares y amigos. Estos juegos, al mismo tiempo, serán la oportunidad para repasar lo aprendido y afianzar en la memoria todo nuestro sistema. Es decir, que como se dice popularmente, mataremos dos pájaros de un tiro: tendremos ejercicios para repasar el "pénsum" y al mismo tiempo nos divertiremos con juegos que serán un relajante antes de tomar el camino de los grandes problemas matemáticos que constituyen la parte final de nuestra carrera hacia la meta de convertirnos en "computadoras humanas".

Voy entonces, a proponerles una serie de fáciles distracciones de salón, y algunos recursos para que puedan memorizar fácilmente, por ejemplo, el teléfono de una nueva novia que escucharon fugazmente, o la dirección de una linda chica, con calle, carrera y número de placa. Estos datos no tendrán que escribirlos, sino que por intermedio del método que voy a enseñarles, el sitio donde vive una linda amiga se convertirá dentro de la imagen mental que se formen, en otra disparatada y graciosa historia.

Juego de teléfonos

El abuelo de cualquiera de nuestros estudiantes, cuando era joven, no tenía mayor dificultad para recordar el teléfono de su novia, porque en aquellas lejanas épocas tales teléfonos tenían a lo sumo dos o tres cifras, y para llamar, por ejemplo, a Susa-nita o a Doris, bastaba recordar que la primera respondía al número 36 y la otra al 49, para decir cualquier número.

Sin embargo, en este momento, cuando las ciudades se han convertido en gigantescas metrópolis y los números telefónicos constan de hasta siete cifras, ya no es tan fácil recordar un número telefónico. Pero como nosotros ya tenemos unas disciplinas y unas claves, el recordar un teléfono no va ser solamente fácil, sino también divertido.

Y vaya un ejemplo:

En una heladería o "Cream", como dicen ahora, nos presentan a una linda chica con quien simpatizamos enseguida. Ella nos sonríe, dice nuestro nombre con prometedora ternura, pero desgraciadamente se irá inmediatamente porque tiene un compromiso familiar.

Entonces. ¿Qué sucede? Sucede que en medio de la prisa ella nos da su dirección y su número telefónico. Pero, no tengo ni papel ni lápiz, y quizá nunca más vuelva a ver en mi vida a esta bella jovencita. Pero, en medio de la prisa, ella nos dice donde vive y a donde podemos llamarla. "Yo vivo en la calle 43 número 26-15... O puede llamarme al 57.12.18..." y se va caminando con la gracia de una gacela, nos da su última mirada y sonríe.

Para nosotros no es problema. La linda chica no se perderá para siempre en nuestra vida porque ya tenemos una imagen mental que nos permite localizarla cuando se quiera. ¿Cómo es eso? Muy fácil...

Muy fácil porque ya nosotros sabemos que la calle 43, dentro de nuestro método, equivale a la palabra COTO. El número de la placa es 2615. Veintiséis es la palabra DELIO. Y el 15 es ANÍS (que para el caso puede ser también AGUARDIENTE). ¿Qué sucede entonces en 

nuestro cerebro para recordar la dirección de la hermosa muchacha? En nuestra mente se forma esta historia truculenta: La veo venir hacia mí por una calle y a medida que se me acerca  me doy cuenta que sufre de un impresionante COTO (palabra número 43 que es la calle donde ella vive); pero ella no está sola, sino que la acompaña DELIO "Maravilla" Gamboa, el futbolista (palabra número 26); y este hombre, a medida que camina al lado de mi "novia", le fricciona el COTO con ANÍS o AGUARDIENTE. O sea que con las palabras COTO, DELIO, ANÍS, (números 43, -calle- y 26-15 -placa-), y recordando la historia que construimos, sabemos que la simpática niña vive en la calle 43 número 26-15.

Ah, pero nos falta el teléfono. Para esto tenemos otra pequeña historia. Dijimos que el número es el 57.12.18. En nuestro sistema el 57 es SAM; el 12 es NIDO, y el 18 es NICHO. Para recordar el teléfono de nuestra amada

armamos la siguiente fábula: Un avión de SAM transporta solamente un enorme NIDO, y dentro de éste hay un NICHO. Más fácil no se puede... Porque COTO es 43, 26 es DELIO y 15 es ANÍS, y esto nos da que la amada vive en la calle 43 número 26-15. En cuanto al teléfono sabemos que 57 es SAM, 12 es NIDO y 18 es NICHO y por lo tanto el teléfono es 57-12-18. (Como en algunas películas y novelas, debemos advertir que cualquier similitud es simple coincidencia, porque direcciones y teléfonos fueron escogidos al azar sólo con intenciones didácticas).

Lo único que nos falta ahora es recordar el nombre de la linda niña. Se supone que este detalle es difícil de olvidar, pero como todo puede suceder, vamos a utilizar nuestro sistema para curarnos en salud. Ella se llama ROSITA. Ya la vimos cotuda, y el coto que ella tiene de pronto

se abre, como una flor, y poco a poco se va convirtiendo en una rosa...

Para no saturar al estudiante con ejemplos, debo decirle que en esta forma, y si se atiene a las 109 palabras que ya sabe, puede recordar indudablemente cualquier dirección o número telefónico que necesite guardar en su memoria.

Pero no es esto solamente. La mayoría de las personas a duras penas recuerda el número de su cédula o carné. Pero cuando se le pierden los documentos y va a la policía a formular la denuncia, no sabe por ejemplo cuál era el número de su licencia de conductor, 

ni de su tarjeta de crédito, ni de su libreta militar, ni de su cuenta corriente en el banco. Si alguien que sufra este contratiempo aplica el sistema que acaba de aprender en este libro, no tendrá el disgusto adicional de perder sus documentos y, además, no recordar cuáles eran los números.

También este sistema será muy útil para aquellas personas que necesiten ir al supermercado a comprar una serie de artículos y recordar sus precios sin necesidad de tomar apuntes. Por ejemplo, cuando la esposa le diga al estudiante: Hijo, tráeme sal (1), NOÉ comiendo manotadas de sal; leche (2), Emeterio y Felipe (DÚO), en cuatro patas mamando la leche de una vaca; papas (3), una tempestad de papas destruye los almacenes Tía; tomates (4), una multitud ataca con tomates al gerente del ICA... y así, infinitamente...

La Universidad

Cuando todos nosotros íbamos al colegio, había dos materias que nos hacían sufrir: la primera era la religión, porque además de que en la casa la mami nos obligaba a rezar el rosario así nos estuviéramos cayendo de sueño, en el aula nos imponían el aprendizaje de cosas que ya habíamos repasado toda la noche anterior; la otra materia era aquella misteriosa y difícil que el maestro llamaba matemáticas, y dentro de la cual figuraba de manera invariable la tal raíz cuadrada.

En el curso que estamos haciendo vamos a ver que la raíz cuadrada no solamente es fácil, sino que otras raíces: la cúbica, la cuarta, y las que siguen, son también fáciles y agradables en su aprendizaje. 

Primero que todo vamos a recordar qué es una raíz cuadrada.

Una raíz cuadrada es el origen del producto de la multiplicación de un número por sí mismo.

Por ejemplo, si tenemos como producto el número 4, su raíz cuadrada es el 2, porque 2 x 2 = 4. Si tenemos como producto de una multiplicación el número 81, su raíz cuadrada es 9 x 9 = 81.

Aunque la explicación anterior parece conducirnos solamente a un juego, debemos recordar que la raíz cuadrada es una operación matemática que tiene aplicaciones infinitas en distintas disciplinas y profesiones, como la geometría, la trigonometría, etc. De manera que el hecho de dominar mentalmente las raíces facilitará a los alumnos el cumplimiento de tareas y trabajos de mucha importancia en cuestión de segundos, en una gimnasia mental que fortalecerá aún más su memoria sin necesidad de recurrir al uso de la calculadora de bolsillo.

Y ahora sí vamos al grano:

Vamos a empezar por aprendernos una pequeña tabla de cuadros que va del número 2 al 31, y que nos servirá para operar con números de sumas totales impares de números. Es decir, números que pueden ser de tres cifras, de cinco cifras, de siete cifras, etc. Como por ejemplo, 358 (tres cifras); 25.370 (cinco cifras) o 1.256.320 (siete cifras).

Esta es la tabla:

$$2^2 .... = ...4$$

$$3^2 .... = ...9$$

$$4^2 .... = ...16$$

$$5^2 .... = ...25$$

$$6^2 .... = ...36$$

$$7^2 .... = ...49$$

$$8^2 .... = ...64$$

$$9^2 .... = ...81$$

$$10^2 ..... = ...100$$

$$11^2 ..... = ...121$$

$$12^2 ..... = ...144$$

$$13^2 \ldots = \ldots 169$$
$$14^2 \ldots = \ldots 196$$
$$15^2 \ldots = \ldots 225$$
$$16^2 \ldots = \ldots 256$$
$$17^2 \ldots = \ldots 289$$
$$18^2 \ldots = \ldots 324$$
$$19^2 \ldots = \ldots 361$$
$$20^2 \ldots = \ldots 400$$
$$21^2 \ldots = \ldots 441$$
$$22^2 \ldots = \ldots 484$$
$$23^2 \ldots = \ldots 529$$
$$24^2 \ldots = \ldots 576$$
$$25^2 \ldots = \ldots 625$$
$$26^2 \ldots = \ldots 676$$
$$27^2 \ldots = \ldots 729$$
$$28^2 \ldots = \ldots 784$$
$$29^2 \ldots = \ldots 841$$
$$30^2 \ldots = \ldots 900$$
$$31^2 \ldots = \ldots 961$$

A continuación vamos a intentar un ejercicio con base en la tabla anterior y que nos servirá para aprender a utilizarla, para saber raíces cuadradas de números hasta de tres cifras.

Supongamos por ejemplo que el número que nos solicitan para averiguarle su raíz es:

$$\sqrt{930}$$

De acuerdo con la tabla que ya hemos aprendido de los cuadrados de los números, el 930 está colocado entre el:

$$961 \text{ y el } 900.$$

Para efectos de buscar la raíz de 930, que es el número propuesto, vamos a acogernos al menor de los dos números, en este caso el 900.

Como el 900 tiene como raíz el número **30**, este será el entero de la raíz de 930.

Vamos a buscar ahora los decimales aproximados. Tenemos que entre 900 y 930 hay una diferencia de 30.

Este número, el 30, es igual al entero de la raíz de 930. Lo que nos da una aproximación del 100%.

En nuestro sistema, este 100% nos da un decimal igual a **.5** lo que arroja finalmente el resultado de que la raíz:

$$\sqrt{930} = 30.5$$

en términos de aproximación.

Para facilitar el uso de la tabla que vamos a entregar un poco más adelante y hacer sencilla la averiguación de los decimales, vamos a poner otro ejemplo:

Busquemos la $\sqrt{915}$

Esta es, en su número entero, 30. Si queremos buscar los decimales, tenemos que entre:

$$900 \text{ y } 915$$

hay 15 de diferencia, es decir, el 50% del número entero de la raíz que es 30.

Entonces, si en el ejemplo anterior la diferencia de 30 era el 100%, 15 será el 50%.

Y si el 100% nos representaba como decimal .5, el 50% será exactamente la mitad de .5, es decir, 0.25.

Luego la raíz de 915, con decimales, es en términos de aproximación, 30.25.

Y para facilitar aún más la comprensión del cuadro que vamos a ofrecer, entregamos un ejemplo en el que se usará un número en cuya raíz vamos a encontrar un decimal igual al 25%.

Proponemos la $\sqrt{908}$

raíz de 900 (número inmediatamente inferior), = 30.

O sea que el entero de la $\sqrt{}$ de 908 es también **30**.

Busquemos los decimales.

La diferencia entre 900 y 908 es 8.

Y 8 es aproximadamente la cuarta parte (25%) de 30.

$\sqrt{908} = 30.13$ aproximadamente

Como ya vimos que 25 es el 50%, el 25% será la mitad de 25, y esta mitad es 0.125.

Ahora vamos a hacer un ejercicio en el que tendremos que buscar un decimal con base en el 12.5%.

El número que se propone en este caso es **904**.

Ya vimos que la raíz más aproximada hacia abajo, es la de:

$$900 = 30.$$

Entonces el entero de la raíz de 904 es **30**.

Para buscar el decimal, tenemos la diferencia entre:

$$900 \text{ y } 904 = 4.$$

Luego 4 es aproximadamente el 12.5% de 30.

Como ya hemos hecho los ejercicios, nos bastará:

$$\sqrt{904} = 30.06$$

Para afianzar este aprendizaje una sencilla tabla que explicará todo lo anterior. Esta es la tabla:

100% de diferencia entre entero de la raíz y número propuesto, = 0.5

50% de diferencia entre entero de la raíz y número propuesto, = 0.25

25% de diferencia entre entero de la raíz y número propuesto. = 0.125

12.5% de diferencia entre entero de la raíz y número propuesto, = 0.03.

Cuando la diferencia es mayor que el entero de la raíz, obviamente tendremos un decimal, superior a 0.5 (100%). El cálculo se hará entonces en las mismas proporciones de la tabla, de acuerdo con el ejemplo que pondremos enseguida.

Utilizaremos un número sobre 900, como en los ejercicios anteriores, para que el estudiante tenga un mejor punto de referencia, pero recordamos que el sistema es idéntico con cualquier otro número que se utilice. En esta ocasión trabajaremos con la raíz del número:

$$\sqrt{945}$$

Ya sabemos que el entero en este caso es **30**.

Vamos entonces por el decimal. Como la diferencia entre

$$900 \text{ y } 945 = 45$$

este es el número sobre el que vamos a trabajar para conseguir el decimal de la de 945.

Sabemos ya que una diferencia de 30 sería el 100%, que nos daría 0.5. Pero como hay un sobrante de 15, sobre los 30 que ya tenemos analizados, vamos a buscar a qué porcentaje corresponde esa cifra 15.

Un pequeño esfuerzo mental nos indica que 15, en razón de porcentajes, es exactamente el 50% de 30.

Y como en la tabla anterior aprendimos que el 50% en cuanto a decimal es igual a 0.25, tenemos que la raíz de 945 es igual a:

Número entero = 30.

Decimal por porcentaje igual a 100%, 0.5.

Más 50% representado por la diferencia mayor de 15, = 0.25. Entonces nos da un total igual a:

30 + 0.5 + 0.25 igual a 30.75. Porque:

$$\begin{array}{r} 30 \\ 0.5 \\ \underline{0.25} \\ 30.75 \end{array}$$

$$\sqrt{945} = 30.75$$

AQUÍ ES COMPROBANDO...

Todos los ejemplos anteriores los hemos hecho sobre la base de entero 30, para facilitar la comprensión a todos los estudiantes, y evitarles embrollos mentales innecesarios. Pero para una claridad aún mayor vamos a aplicar todo lo anterior en ejercicios con números diferentes. Les propongo los siguientes ejemplos, con la advertencia de que el estudiante no tiene necesariamente que ceñirse a ellos, sino que por iniciativa propia puede disponer las cifras que a bien tenga. Se me ocurren los siguientes ejercicios:

El número inmediatamente inferior es 625, por lo cual el entero es 25. Vamos a la conquista del decimal. La diferencia es 3, y dentro de la tabla de porcentajes, ese 3 es igual aproximadamente a 12.5% = 0.06. Entonces la raíz de 628 = 25.06.

(Debo recordarles que todos estos términos funcionan en el campo de la aproximación, porque la calculadora nos daría: raíz 628 = 25.0599. O sea, igual...

Pongamos entonces otro ejemplo: raíz **110**:

Número entero de la raíz de 100, = **10**. Diferencia 10.

Esta diferencia es igual al entero de la raíz de 110, o sea que el sobrante 10 es igual al 100%. Entonces si el 100% representado en 10 nos significa 0.5, éste es el decimal de la de 110, o sea, que raíz de 110 = 10.5.

Vamos a trabajar ahora sobre raíz con decimal superior al 100%.

Propongo el número **358**.

Entero de la raíz de 358 = **18**.

Diferencia entre 358 y el inferior, que es 324 = 34.

En este momento tenemos: Entero de 358 = 18.

Más 0.5 (por el 100% de diferencia) = 18.5.

Más 16 de diferencia sobre el 100%, = /Aprox.)

86% = 0.42. Entonces:

Entero	**18**
+ 100%	**0.5**
+ 86%	**0.42**
$\sqrt{358}$ =	**18.92**

Ejercicios con cinco dígitos

Si el estudiante está ya a estas alturas lo suficientemente familiarizado con la tabla que le entregamos anteriormente y la memoriza sin esfuerzo alguno, tiene ya un "capital de memoria" suficiente para empezar a trabajar hasta con cinco dígitos, por medio de ejercicios tan sencillos como los que ya ha hecho hasta el momento.

Es decir, que para trabajar con cinco dígitos no tiene que hacer ningún aprendizaje nuevo, ni memorizar tampoco nada nuevo sobre la tabla que ya conoce.

Le bastará aplicar el mismo sistema que viene utilizando para tres dígitos, sólo que corriendo un lugar hacia la derecha el punto que indica los decimales.

Para una mejor comprensión usaremos el mismo número de los ejercicios anteriores, es decir, **930**.

A este número-base le agregamos dos dígitos para quedar trabajando con cinco, y escogimos los que forman el 89, es decir, que el número propuesto es ahora:

$$\sqrt{93.089}$$

Entonces, para conocer la raíz de este número, operamos con el mismo sistema, es decir, que el entero de 930 es 30 (hemos tomado la raíz de los 3 primeros dígitos).

Como en la tabla el número inmediatamente inferior a 930 es 900 y nos queda una diferencia de 30, que es igual al 100% de la raíz de 900, tenemos que el decimal de 100% = .5.

Luego la ÷ de 930 = 30.5, y si corremos un lugar a la derecha el punto del decimal, obtendremos que:

raíz de **93.089** = **305**. ASÍ DE FÁCIL ES...

Para una mejor comprensión haremos enseguida ejercicios con sobrantes del 50%. Propongo el número **91.518**.

El entero de los tres primeros dígitos de este sistema es 30, con un sobrante de 15, es decir, del 50%.

Como en la tabla que ya conocemos el 50% = 0.25, tendremos que 30 (entero) + 0.25 = 30.25. Y como debemos correr un lugar a la derecha el punto que señala los decimales, obtendremos que la raíz de:

$$\sqrt{91.518} = 302.5$$

Y aún para la claridad mayor, trabajaremos con el 25% y propongo el número **90.823**.

Tenemos que el entero de la raíz de 908 es 30, con un sobrante de 8, al que le corresponde el 25%. Y como en la tabla el 25% = 0.13 aproximadamente, la raíz de los tres primeros números es 30.13, y como corremos un lugar a la derecha el punto de los decimales, la raíz de:

$$\sqrt{90.823} = 301.3$$

Vamos a terminar este capítulo del cálculo de raíz con cinco dígitos, con un ejemplo en el que vamos a operar con el 12.5% y proponemos el número 90.401. El entero de la raíz de este número es 30, con un residuo de 4, o sea, aproximadamente 12.5%, que en nuestra tabla indica 0.06. Luego la raíz de 90.401 es 300.6.

Y A TRABAJAR CON MILLONES

Ya he demostrado a los estudiantes lo sencillo que es calcular mentalmente la raíz de números de 3 y de 5 dígitos. Y estoy seguro de que ya tomados saben realizar estas operaciones con una facilidad asombrosa que nunca se habían imaginado.

Ahora, también de manera muy sencilla, los voy a introducir en el conocimiento de la manera de calcular la raíz de números de siete dígitos. Es decir, que vamos todos a ser capaces de realizar operaciones de MILLONES. Así como suena...

Como en las lecciones o capítulos anteriores, y para facilitar la comprensión del asunto buscaremos la raíz de un número de siete dígitos, de los cuales los tres primeros son 930. Para este caso he escogido:

$$\sqrt{9.302.618}$$

El procedimiento es exactamente igual al que utilizamos para números de 3 y de 5 dígitos. Sólo qué, cuando se trata de millones, con números de 7 dígitos, no correremos el punto de los decimales un lugar a la derecha, sino dos lugares.

Entonces: Entero de la raíz de 9.302.618, igual a 30. Más el residuo de 30, equivalente al 100% = 0.50. Luego 30(entero)

más 0.50 (100% de residuo) = 30.50. Corremos dos lugares el punto de los decimales y encontramos que la raíz de:

$$\sqrt{9.302.618} = 3050$$

Veremos ahora un ejemplo con residuo del 50%.

Número propuesto:

$$\sqrt{9.150.832}$$

Entero de la raíz de los 3 primeros dígitos, 30. Residuo: 15 = al 50%. Equivalencia del 50% en la tabla ya aprendida: 0.25.

Luego la raíz de **9.150.832 = 3025**.

Un ejemplo con el 25%. Cifra propuesta:

9.080.601

Entero de la raíz de 908 = 30, con residuo de 8, o sea, aproximadamente el 25%. Valor en decimales del 25% = 0.13. Luego la raíz de:

$$\sqrt{9.080.601} = 3013$$

Finalmente, un ejemplo con el 12.5%. Cifra propuesta 9.040.482. Entero de la raíz de 904 = 30, con residuo de 4. Porcentaje de 4 sobre 30 = 0.06.

Luego la raíz de:

$$\sqrt{9.040.482} = 3006$$

Números de 4, 6 y 8 dígitos

A estas alturas del estudio del cálculo mental, tenemos que los estudiantes dominan ya la técnica para calcular la raíz de números de 3, 5 y 7 dígitos. Vamos ahora a emprender el aprendizaje del cálculo de números de 4,6 y 8 dígitos. Para ello nos espera un esfuerzo considerable que consiste en el aprendizaje de una tabla que va del número 32 al 99.

En este aprendizaje se produce una mezcla en la utilización de lo que llamaremos "memoria pura" y "memoria asociativa". Es decir, que junto con la asociación de ideas que aprendimos al principio del libro con las palabras claves NOÉ, DÚO, TÍA, etc., vamos a utilizar también la "memoria pura", esto de acuerdo con la capacidad individual de cada uno. Es posible que algunos escojan un sistema total de memoria asociativa, y otros hagan lo contrario, o lleguen a usar una mezcla de las dos clases de memoria. Pero este es un asunto que dejo a elección de los alumnos.

Para quienes se inclinen por la "memoria asociativa", pondré dos ejemplos a partir de los cuales el estudiante puede desarrollar los demás por su propia iniciativa. Los ejemplos escogidos son 32 y 33. Tenemos que 32_2 es = 1024, que descompuestos son 10

y 24. La palabra clave de 10 es NORA y la de 24 es DECA y como la palabra clave de 32 es ATADO, tenemos que elaborar una historia con las palabras ATADO, NORA y DECA. La historia sería, por ejemplo: Un regalo en un paquete grande en forma de ATADO es entregado a NORA por haber cumplido una DÉCADA de trabajo en su empresa.

Para memorizar el 33, la palabra es TITO. 33_2 es 1089, o sea, 10 y 89. El 10 es NORA y el 89 es CHAVO. Luego la historia truculenta para recordar es 33, sería con las palabras TITO, NORA Y CHAVO. El mariscal TITO resucita y al salir de su

tumba es auxiliado por mi amiga NORA, quien le ordena al CHAVO que le quite la mortaja al mariscal. Con esta historia, si asociamos a TITO, NORA Y CHAVO, sabremos que 33_2 = a NORA= 10, CHAVO = 89, = 1089.

Preparados ya como están con los anteriores ejemplos, y obviamente el conocimiento de las 109 palabras claves, vamos a emprender el aprendizaje de la tabla del 32 al 99, para lograr el cálculo mental de raíz de números de 4, 6 y 8 dígitos. Esta es la tabla de los cuadrados del:

$$32^2 = 1024$$

$$33^2 = 1089$$

$$34^2 = 1156$$

$$35^2 = 1225$$

$$36^2 = 1296$$

$$37^2 = 1369$$

$$38^2 = 1444$$

$$39^2 = 1521$$

$$40^2 = 1600$$

$$41^2 = 1681$$

$$42^2 = 1764$$

$$43^2 = 1849$$

$$44^2 = 1936$$

$$45^2 = 2025$$

$$46^2 = 2116$$

$$47^2 = 2209$$

$$48^2 = 2304$$

$$49^2 = 2401$$

$$50^2 = 2500$$

$$51^2 = 2601$$

$$52^2 = 2704$$

$$53^2 = 2809$$

$$54^2 = 2916$$

$$55^2 = 3025$$

$$56^2 = 3136$$

$$57^2 = 3249$$

$$58^2 = 3364$$

$$59^2 = 3481$$

$$60^2 = 3600$$

$$61^2 = 3721$$

$$62^2 = 3844$$

$$63^2 = 3969$$
$$64^2 = 4096$$
$$65^2 = 4225$$
$$66^2 = 4356$$
$$67^2 = 4489$$
$$68^2 = 4624$$
$$69^2 = 4761$$
$$70^2 = 4900$$
$$71^2 = 5041$$
$$72^2 = 5184$$
$$73^2 = 5329$$
$$74^2 = 5476$$
$$75^2 = 5625$$
$$76^2 = 5776$$
$$77^2 = 5929$$
$$78^2 = 6084$$
$$79^2 = 6241$$
$$80^2 = 6400$$
$$81^2 = 6561$$
$$82^2 = 6724$$
$$83^2 = 6889$$
$$84^2 = 7056$$
$$85^2 = 7225$$
$$86^2 = 7396$$

$$87^2 = 7569$$

$$88^2 = 7744$$

$$89^2 = 7921$$

$$90^2 = 8100$$

$$91^2 = 8281$$

$$92^2 = 8464$$

$$93^2 = 8649$$

$$94^2 = 8836$$

$$95^2 = 9025$$

$$96^2 = 9216$$

$$97^2 = 9409$$

$$98^2 = 9604$$

$$99^2 = 9801$$

Hay un detalle que ya pudo ser observado por los estudiantes, y que facilita parte del aprendizaje de la tabla. Se trata de los números terminados en 0, 10, 20, 30, etc., en los que basta, para memorizar su cuadrado, ser multiplicados por sí mismos en una sencilla operación que todos conocemos, y agregarle dos ceros.

A los estudiantes que para memorizar la tabla anterior utilizaron en alguna forma la memoria asociativa, debo decirles que con la práctica todos estos números pasarán a formar parte de su "memoria natural". Esto lo afirmo porque hace años, cuando descubrí mis métodos de memoria asociativa, utilizaba las historias truculentas para recordar los números, pero con práctica y con el paso del tiempo y casi sin darme cuenta esos números se me grabaron de tal manera que actualmente no tengo que recurrir a la elaboración de historias.

Trabajo con 4, 6 y 8 dígitos

Los seguidores de mis sistemas que ya pueden utilizar el curso de nemotecnia y realizar juegos de salón recordando un gran número de palabras en cualquier orden, están también haciendo ya operaciones mentales con números de 3, 5 y 7  dígitos, por millones. Conocen ahora también la tabla que les permitirá operaciones con 4, 6 y 8 dígitos y pueden asombrar a las personas que presencien esta clase de experimentos.

Para facilitarles la experimentación voy a presentarles unos ejercicios con base en la tabla que acaban de aprender y que les servirán para el dominio total de los cálculos mentales ahora sí con números de 3, 4, 5, 6, 7 y 8 dígitos.

De acuerdo con mi sistema de llevar de la mano al estudiante en su experimentación, iniciaremos el trabajo con un ejercicio en el que utilizaremos cuatro dígitos. Los ejercicios posteriores serán con 6 y 8.

Escogí el número **9.312**

La tabla recién aprendida nos indica que este número se relaciona con el 9.216, al que corresponde como número entero en su raíz el 96, que es el componente inicial del resultado final.

Para hallar los demás componentes buscaremos la diferencia entre:

$$9.216 \text{ y } 9.312, \text{ que es } \mathbf{96}$$

Como este número es = al 100%, el segundo componente es 0.5. O sea que la raíz de:

9.312 = 96.5, aproximadamente.

El siguiente ejercicio con cuatro dígitos comprenderá un número para trabajar con el 50%.

Se escogió entonces el número **9.264**.

A este corresponde también el 96 como número entero y al buscar su complemento tenemos un residuo de 48, o sea, el 50%. Le corresponde a este 50%, 0.25. O sea, que la raíz de:

$$\sqrt{9.264} = \mathbf{96.25}$$

Sigue ahora un ejercicio con el 25%.

El número escogido es:

$$\mathbf{9.240}$$

Con número entero de raíz 96, y residuo de 24, que en la tabla equivale al 25% = 0.12. Luego la raíz de:

$$\sqrt{9.240} = \mathbf{96.12}$$

Luego tenemos el ejercicio con porcentaje de 12.5.

Número propuesto:

$$\sqrt{9.228}$$

Entero, 96, Residuo, 12, = a 12.5%. La tabla nos da para que este porcentaje = .0.6 Luego la raíz de:

$$\sqrt{9.228} = 96.06$$

A continuación tenemos el ejercicio para un número de seis dígitos y propongo el número:

$$\sqrt{931.236}$$

Nuestro sistema nos indica que debemos acogernos al número 9.312, con entero de raíz 96.

Un residuo de 96, equivalente al 100% = 0.50. Luego 96 + 0.50= 96.5. Si corremos un lugar el punto de los decimales tenemos que raíz de:

$$\sqrt{931.236} = 965$$

Ahora trabajemos con una cifra que nos dé el 50%. Esta es **926.423**, con número entero de 96.

Buscamos el residuo, que es 48, = al 50% de 96. Este es 0.25, luego la raíz de:

$$\sqrt{926.423} = 962.5$$

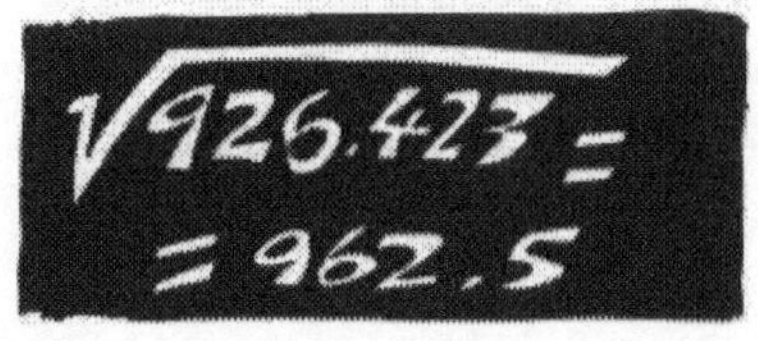

Sigue el ejercicio del 25%, con el número **924.062**. tiene un entero = 96 y residuo 24 = 25%, que es en la tabla 0.12. Entonces: raíz de:

$$\sqrt{924.062} = 961.2$$

Para una mejor comprensión y utilización total de la tabla, va ahora un ejercicio con residuo = al 12.5%. Cifra propuesta **922.814**, con entero de 96 y residuo de 12, = en la tabla a 0.6. Luego raíz de:

$$\sqrt{922.814} = 960.6$$

En la utilización de la tabla de raíces del 32 al 99, llegamos ya a la experimentación con ocho dígitos.

Tengo que recordar que el sistema es igual al que hemos venido trabajando hasta el momento, sólo que en lugar de un punto de los decimales se correrán dos lugares.

Propongo el número **93.123.645**. De acuerdo con nuestro sistema, el entero es 96. Tenemos residuo de 96, o sea 100% = 0.50. Esto nos da 96.50. Corremos dos lugares el punto de los decimales y tenemos entonces que la raíz de:

$$\sqrt{93.123.645} = 9650$$

De la misma manera vamos a buscar una raíz con residuo del 50%. El número es 92.641.284, con entero igualmente de 96 y residuo de 48 = 50%, y equivalente de 0.25 en la tabla. Luego raíz de 92.641.289 = 9625.

Sigue entonces un ejercicio con residuo del 25%. Cifra propuesta: **92.403.121**, entero de 96 y residuo de 24 = 0.12.

Luego raíz de **92.403.121 = 9612**.

Finalmente, para el ejercicio con ocho dígitos trabajaremos con residuo del 12.5%. Propongo la cifra 92.280.056. Entero, 96; residuo 12, equivalente en la tabla 0.6. Entonces raíz de 92.280.056 = 9606.

Raíz cuadrada de decimales

En las operaciones matemáticas no siempre se trabaja con enteros, de tal manera que en muchas ocasiones debemos sacar la raíz a un número decimal. Dentro de nuestro sistema también esto puede hacerse de manera sencilla y con las mismas tablas que ya tenemos aprendidas, de manera que la operación es igualmente fácil.

Por ejemplo, si tenemos necesidad de conocer la raíz del número decimal:

$$\sqrt{0.7}$$

Seguiremos los mismos patrones, solo que al 7 le agregamos tres ceros, para que quede un número de cuatro dígitos. En este caso la operación es la siguiente: Por el momento no vamos a tener en cuenta ni el cero ni el punto y partimos de la base del número 7, al que agregamos tres ceros y nos queda:

$$\sqrt{7000}$$

Para averiguar la raíz de 7000, recurrimos al mismo sistema anterior, en el que el entero de raíz de:

$$\sqrt{7000} = 83$$

Como el $83^2 = 6889$, la diferencia con 7000 es 111, y tenemos que esta diferencia, por nuestro sistema de decimales, equivale a **0.66**. Ahora: de acuerdo con nuestro sistema de porcentajes, tenemos que la raíz del decimal:

$$\sqrt{0.7} = 0.8366$$

El siguiente ejercicio, con un decimal, y para mayor claridad, es averiguar la raíz de:

$$\sqrt{0.4}$$

Procedemos como en el caso anterior y tenemos 4000. Este número tiene un entero de **63**, con residuo de 31. Este 31 es en aproximación el 48%, con equivalente de **0.24**. Luego la raíz de:

$$\sqrt{0.4} = 0.6324$$

Ahora otro ejercicio: Buscaremos la raíz del decimal:

$$\sqrt{0.74}$$

Para aprender a trabajar con dos decimales (centésimas). 0.74 sería entonces 7400 y su entero en raíz es **86**. El residuo es = 4, porque $86_2 = 7396$, con porcentaje aproximado al 5%, que nos da **0.02**. Luego, entonces, raíz de:

$$\sqrt{0.74} = 0.8602$$

Como quiero lograr un buen entrenamiento práctico, propongo ahora otro ejercicio con dos decimales, pero cifras diferentes. Escogí el:

$$\sqrt{0.82}$$

La operación es así: 82 es igual a 8200. Entero de: la raíz de 8200 es = **90**. Y el residuo 100. Sigue porcentaje 100 con relación a 90 = 112%, que equivale a **0.55**. Luego raíz de:

$$\sqrt{0.82} = 0.9055$$

Enseguida vamos a intentar raíz con números de tres decimales (milésimas) y para el caso propongo:

$$\sqrt{0.719}$$

Esto nos arroja 7190 y su entero de raíz = **84**. Ahora 84_2 = 7056. Diferencia: 134.

Porcentaje de 134 = 158% aproximado. Este porcentaje equivale a 0.79. Luego raíz de:

$$\sqrt{0.719} = 0.8479$$

A continuación otro ejercicio con cuatro decimales (diezmilésimas). Al azar escogemos la raíz de:

$$\sqrt{0.6894}$$

Entero de 6894 = 83. Este, al cuadrado, 6889. Diferencia: 5. Porcentaje aproximado de 5 = 6% y este igual en la tabla a 0.03. Luego raíz de:

$$\sqrt{0.6894} = 0.8303$$

Con los ejercicios anteriores, dentro del mismo sistema, el estudiante puede actuar con décimas, centésimas, milésimas, diezmilésimas, cienmilésimas, millonésimas, y así de acuerdo con el criterio de cada uno es conveniente hacer ejercicios hasta estas dimensiones, yo no vacilo en recomendarlos para una mayor gimnasia mental.

Emprendemos en este momento ejercicios con números con raíz de centésimas. Por ejemplo, ensayemos con:

$$\sqrt{0.02}$$

Para iniciar el ejercicio, agregamos dos ceros para que queden cuatro cifras hacia la derecha del punto y tenemos 0.0200. Tenemos que averiguar el entero de la raíz de 200 que es = **14**.

14$_2$ = 196 con diferencia de 4. Porcentaje de 4 con relación a 14 = 28% con equivalencia de **0.14**.

Luego raíz de:

$$\sqrt{0.02} = 0.1414$$

Como quiero que el practicante de estos ejercicios se refine hasta el punto de que no tenga duda alguna en la práctica del sistema, nos vamos a aventurar en un experimento con el número:

$$\sqrt{0.042}$$

Para averiguar raíz con decimales correspondientes a milésimas. El número propuesto es 0.042. Trabajamos con 420, cuyo entero es **20**, con sobrante del 100% = **0.5**

Tenemos ya la respuesta = **0.205**

Con la base de trabajo que le he expuesto, ya los estudiantes tienen bajo su propia iniciativa la práctica de nuevos números y por su propia cuenta pueden adelantar y perfeccionar nuevos ejercicios que les ayudarán, cada vez que hagan uno de ellos, a volverse más poderosos en el camino de convertirse en "computadoras humanas".

En este momento del curso yo confío en que los estudiantes han asimilado la esencia de la enseñanza, y que la eficiencia y los resultados que se obtengan dependen más de la dedicación que cada uno haya entregado al aprendizaje que a mi insistencia en el encargo de 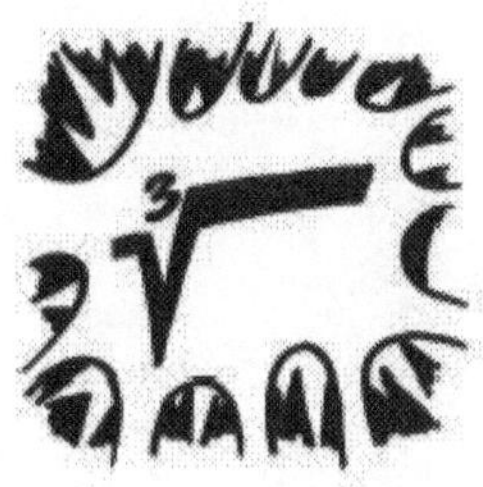 que se practique cada uno de los ejercicios. Llegó el momento, entonces, de recomendar que antes de seguir adelante en el campo que nos espera y que se relaciona con la raíz cúbica, se haga un repaso, de acuerdo con lo que en conciencia sea necesario para cada uno, y todos lleguen al convencimiento de que no existen lagunas antes de seguir adelante.

Les recomiendo ser honrados consigo mismos. No autoengañarse. No precipitarse. Estar convencidos de que el próximo paso lo van a dar con la seguridad de que nadie podrá confundirlos. Y, sobre todo, estar seguros de que no se van a encontrar con un fracaso. En mi sistema, ante todo, hay que garantizarse a sí mismos la absoluta seguridad de que no han quedado puntos débiles.

Cómo obtener la raíz cúbica

Uno de los calvarios con que se encuentra el estudiante de bachillerato o universidad, es aquella complicada operación que se necesita realizar para conocer la raíz cúbica de determinado número. El estudiante siente pánico, principalmente en las épocas de exámenes, cuando le ordenan una de estas operaciones y no tiene calculadora de bolsillo.

Igual que en el sistema que acaba de aprender para conocer las raíces cuadradas, en las cúbicas debemos atenernos al uso de unas tablas que deben memorizarse, bien sea por el sistema de memoria asociativa que enseñamos en la primera parte del libro, o por la memoria natural, quienes la tengan suficientemente desarrollada.

Una vez aprendida la tabla, el estudiante estará en condiciones de sacar raíces cúbicas por medio del cálculo mental con la misma facilidad que ahora lo hace en las raíces cuadradas.

La tabla es un simple juego de números de 46 cubos, con los cuales puede hacer operaciones hasta el número 99.999.999. O sea, que a cada cubo aprendido le corresponde en promedio la facilidad de conocer por cálculo mental, dos millones y medio de raíces cúbicas.

El cuadro está elaborado con tres columnas. En la primera aparece la raíz; en la segunda, el cubo abreviado y aproximado como se utilizará en el cálculo para obtener el entero y, en la tercera, el número clave que servirá para obtener los decimales. Al igual que en la tabla para sacar raíces cuadradas utilizábamos el número inmediatamente inferior al número propuesto, para raíces cúbicas se utilizará exactamente el mismo procedimiento. En los números de 3 cifras eliminaremos el último dígito; en los de 4 y 5 dígitos, se eliminan dos; en los de 6, se eliminan 4; en los de 7 y 8, se eliminan 5. Los números de 2,3 y 6 dígitos se trabajan con los cubos abreviados del 2 al 9, y el decimal que resulte se convierte en entero.

Esta es la tabla que debe aprenderse:

Raíz cúbica	Cubo abreviado y aproximado	No. Clave
2	8	19
3	27	37
4	64	61
5	12	9
6	22	13
7	34	17
8	51	21
9	73	37
10	1.0	3
11	1.3	4
12	1.7	5
13	2.2	5
14	2.7	7
15	3.4	7
16	4.1	8
17	4.9	9
18	5.8	11
19	6.9	11
20	8.0	12
21	9.2	14
22	10.6	16
23	12.2	16
24	13.8	18

Raíz cúbica	Cubo abreviado y aproximado	No. Clave
25	15.6	20
26	17.6	21
27	19.7	23
28	22.0	24
29	24.4	26
30	27.0	28
31	29.8	30
32	32.8	31
33	35.9	34
34	39.3	36
35	42.9	38
36	46.7	40
37	50.7	42
38	54.9	44
39	59.3	47
40	64.0	49
41	68.9	52
42	74.1	54
43	79.5	57
44	85.2	59
45	91.1	62
46	97.3	65

Para una mejor comprensión de la tabla, debemos dar algunas explicaciones. Los cubos abreviados 8, 27 y 64 son exactos para efectos del cálculo de enteros; los cubos abreviados 12, 22, 34, 51 y 73 tendrán un cero a la derecha, de manera que, 22 será 220, 34 será 340, 51 será 510 y 73 será 730. De ahí en adelante se agregarán dos ceros a la derecha y quedarán así entonces los cubos abreviados: 1.0, será 1.000; el 4.9 será 4.900; el 22.0 será 22.000 y así sucesivamente.

Vamos entonces a iniciar los ejercicios que nos llevarán a dominar el sistema de cálculo mental para conocer la raíz cúbica de determinado número. Pero antes les presento una sencillísima tabla por medio de la cual aproximarán los decimales de cualquier raíz.

Esa tabla es la siguiente:

Diferencia del 50% = 0.5

Diferencia del 25% = 0.25

Diferencia del 125.5% = 0.12

Diferencia del 0.6 = 0.06

Como la tabla es tan supremamente sencilla, estamos ya en condiciones de realizar los primeros cálculos.

Y a ello vamos:

Supongamos que alguien nos propone la raíz cúbica de:

$$\sqrt[3]{15}$$

Debemos acudir al número inmediatamente inferior, que en este caso es 8 en la columna de cubo abreviado y aproximado. La raíz cúbica de 8 = 2, luego el entero de la raíz cúbica de 15 = 2.

Buscamos ahora los decimales. Procedemos a buscar la diferencia que hay entre:

$$8 \text{ y } 15 = 7$$

El número clave es 19, que representa el 100%. El 7 está ligeramente debajo del 50% con relación a 19, luego en forma aproximada, y de acuerdo con la tabla -en la que el 50% representaría 0.5- tenemos que el decimal de la raíz cúbica aproximada de:

$$\sqrt[3]{15} = 2.4$$

Buscaremos ahora, en otro ejercicio, la raíz cúbica de:

$$\sqrt[3]{60}$$

El cubo de 60, en la tabla, es 27, al que corresponde la raíz cúbica 3 como entero. La diferencia entre 27 y el número propuesto 60, es 33. Este 33 corresponde a mucho más del 50% del número propuesto, aproximadamente 90%. Luego la respuesta sobre raíz cúbica de:

$$\sqrt[3]{60} = 3.9$$

En términos aproximados.

El siguiente ejercicio será con la raíz cúbica del número:

$$\sqrt[3]{360}$$

Como tiene 3 dígitos, eliminamos el último y trabajamos con el 36. El cubo abreviado y aproximado inmediatamente inferior al número propuesto, es 34, que nos da el 7 como entero de la raíz cúbica. La diferencia entre el número propuesto, 36 y el cubo aproximado, 34, es 2; buscamos el porcentaje de 2 en relación con el número clave, que es 17; este porcentaje es aproximadamente 12%, que en la tabla de porcentajes vale 0.12.

Luego la raíz cúbica de:

$$\sqrt[3]{360} = 7.12$$

Ejercicio con 4 dígitos. Se propone:

$$\sqrt[3]{8.730}$$

Eliminamos los dos dígitos finales y que da 8.7, que tiene como cubo abreviado 8.0, lo que nos da en la tabla como entero de la raíz el 20. Diferencia entre el número propuesto y el cubo abreviado inmediatamente inferior, 7. Porcentaje aproximado de 7 en relación con el número clave que es 12,59%. Valor de 59% en nuestra tabla, 0.59.

Luego raíz cúbica de:

$$\sqrt[3]{8.730} = 20.59$$

Aproximadamente.

Otro ejercicio, esta vez con 5 dígitos:

$$\sqrt[3]{16.421}$$

Eliminamos dos dígitos y queda 16.4. Cubo abreviado inmediatamente inferior, 15.6.

Entero de este cubo, 25. Diferencia entre número propuesto y cubo abreviado, 8. Número clave, 20.

Porcentaje de la diferencia en relación con el número clave, aproximadamente, 41%. Luego la raíz cúbica de:

$$\sqrt[3]{16.421} = 25.41$$

Nos ejercitamos con 6 dígitos:

$$\sqrt[3]{761.125}$$

Eliminamos cuatro dígitos y queda 76. Número inmediatamente inferior, 73. Entero de 73.9, o sea, primer entero de la raíz. El segundo entero lo buscamos a través del proceso de los decimales. Diferencia entre el número propuesto, 76, y el cubo abreviado, 73 = 3. Porcentaje de 3 en relación con número clave, que es 37 = 13% aproximado. Valor de este porcentaje 0.13. Luego raíz cúbica de:

$$\sqrt[3]{761.125} = 91.3$$

Sigue ahora un ejercicio con 7 dígitos. Número propuesto:

$$\sqrt[3]{4.500.148}$$

Eliminamos los últimos cinco dígitos y queda 4.5. Número inmediatamente inferior en el cuadro de cubo abreviado, 4.1. Entero de éste, 16. Diferencia entre el número propuesto, 4.5 y el cubo abreviado, 4.1 = 4. Número clave, 8. Porcentaje entre la diferencia 4 y el número clave 8 = 4.

Equivalencia de 4 con relación a 8 = 50%. Valor de 50% = 0.5. Luego, raíz cúbica de:

$$\sqrt[3]{4.500.148} = 165$$

Recomiendo luego este ejercicio con ocho dígitos, y con él quedarán cubiertas todas las posibilidades de problemas con ocho dígitos. Esta explicación es necesaria, porque después vendrán ejercicios de raíz cúbica con decimales.

Propongo el número:

$$\sqrt[3]{16.602.453}$$

Eliminamos cinco dígitos y queda 16.6. Cubo abreviado de este número, 15.6. Raíz cúbica de 15.6, 25.

Diferencia del cubo abreviado 15.6 y el número propuesto, 16.6 = 10. Número clave, 20. Porcentaje entre la diferencia 10 y el número clave 20 = 50%. Valor de 50% = 0.5.

Luego raíz cúbica de:

$$\sqrt[3]{16.602.453} = 255$$

Para afianzar aún más en el estudiante el conocimiento que ya tiene del sistema para conseguir raíces cúbicas, haremos un ejercicio final con ocho dígitos. Se trata del número:

$$\sqrt[3]{22.545.268}$$

Anulamos cinco dígitos y queda 22.5.

Número inmediatamente inferior en la tabla de cubo abreviado, 22.0. Su raíz cúbica en la misma tabla, 28. Número clave, también en la misma tabla, 24.

Diferencia entre cubo abreviado (22.0) y número propuesto (22.5) = 5. Valor de porcentaje de 5 en relación con el número clave (24), aproximadamente 25%, que en nuestra tabla equivale a 0.25. Luego raíz cúbica de:

$$\sqrt[3]{22.545.268} = 282.5$$

Y LLEGARON LOS DECIMALES...

En el colegio, la raíz cúbica de enteros era un calvario... pero la raíz cúbica de decimales, era un verdadero infierno. Yo voy a sacarlos de ese infierno con el mismo método que hemos venido estudiando y ustedes se darán cuenta que es tan sencillo sacar raíces cúbicas de enteros, como lo es de decimales.

Iniciemos los ejercicios con el número:

$$\sqrt[3]{0.3}$$

Por escoger cualquiera. El sistema es el mismo y vamos a comprobarlo. Es importante advertir que para el juego con decimales, valen solamente los nueve cubos abreviados de la tabla, comprendidos entre los primeros, o sea: 8, 27, 64, 12, 22, 34, 51 y 73.

Tenemos que en enteros debíamos suprimir dígitos. En decimales, por el contrario, tenemos que completar tres dígitos a la derecha del punto, y para ello utilizaremos el número 0. O sea, que en el caso concreto del número propuesto. 0.3, quedará convertido en:

$$\sqrt[3]{0.300}$$

Ahora bien, de acuerdo con las explicaciones anteriores, el 300, por tener tres dígitos, perderá el último y quedará convertido en 30. Ahora, cubo abreviado inmediatamente inferior a 30, 22, que tiene como raíz cúbica 6. Diferencia entre número propuesto, 30, y cubo abreviado, 8. Número clave, 13. Porcentaje de 8 con relación al número clave 13 = 69%.

Valor de 69% en nuestra tabla, 0.69. Luego raíz cúbica de:

$$\sqrt[3]{0.3} = 0.669$$

Yo creo que la explicación es tan obvia que ya todo el mundo la entendió. Pero debo afianzarlos aún más y se me ocurre otro ejercicio, esta vez con el número:

$$\sqrt[3]{0.22}$$

Aplicamos el sistema y decimos que el 0.22, para quedar con tres dígitos, deberá ser entonces 220.

Para simplificar trabajaremos con el 22 y volveremos al número propuesto. (Este aparente rodeo está orientado a que el estudiante entienda el mecanismo, y le ayudará a entender nuestra intención de simplificarle las cosas). Ahora vemos que el número inmediatamente inferior no existe en la tabla sino que es idéntico y que su raíz cúbica es 0.6, aproximado.

Luego vemos que como no dio diferencia, no tenemos que recurrir al número clave. Entonces, en este caso el asunto es tan sencillo que la respuesta es raíz cúbica de:

$$\sqrt[3]{0.22} = 0.6$$

LOS SENCILLOS LOGARITMOS

Los estudiantes que hayan culminado ya satisfactoriamente el sistema de la raíz cúbica, han pasado lo más difícil del curso. En cúbica, realmente, se encuentran algunos escollos que espero haberles ayudado a sobrepasar. Quiero  felicitarlos y decirles, además, que lo que ahora sigue – logaritmos- es infinitamente más sencillo que la cúbica y que el éxito de su estudio depende solamente del sistema de nemotecnia que aprendieron al principio del libro, y de su dedicación y memoria natural en quienes la posean.

Vamos, pues, a dominar los logaritmos. Para el caso hay que aprender los 99 primeros. Una vez aprendidos, todos los millones de posibilidades adicionales estarán en poder del estudiante. Como lo sabe cualquier aficionado a las matemáticas, el logaritmo en base 10 es el más utilizado en estas disciplinas, y por eso será el que utilicemos en la enseñanza de este libro y en sus ejercicios.

 Iniciaremos el estudio con el aprendizaje, por medio de la siguiente tabla, de los primeros 99 logaritmos que, como ya dijimos, abre la puerta infinita de los millones y millones que puedan llegar a

necesitar a todo lo largo de su vida. Para efectos prácticos de aplicación en cualquier circunstancia, el aprendizaje se basará en dos decimales.

Si algún estudioso quiere ampliar este número, es cuestión de iniciativa particular.

La siguiente es la tabla:

Log. de 1 = 0

Log. de 2 = 0.30

Log. de 3 = 0.47

Log. de 4 = 0.60

Log. de 5 = 0.69

Log. de 6 = 0.77

Log. de 7 = 0.84

Log. de 8 = 0.90

Log. de 9 = 0.95

Log. de 10 = 1

Log. de 11 = 1.04

Log. de 12 = 1.07

Log. de 13 = 1.11

Log. de 14 = 1.14

Log. de 15 = 1.17

Log. de 16 = 1.20

Log. de 17 = 1.23

Log. de 18 = 1.25

Log. de 19 = 1.27

Log. de 20 = 1.30

Log. de 21 = 1.32

Log. de 22 = 1.34

Log. de 23 = 1.36

Log. de 24 = 1.38

Log. de 25 = 1.39

Log. de 26 = 1.41

Log. de 27 = 1.43

Log. de 28 = 1.44

Log. de 29 = 1.46

Log. de 30 = 1.47

Log. de 31 = 1.49

Log. de 32 = 1.50

Log. de 33 = 1.51

Log. de 34 = 1.53

Log. de 35 = 1.54

Log. de 36 = 1.55

Log. de 37 = 1.56

Log. de 38 = 1.57

Log. de 39 = 1.59

Log. de 40 = 1.60

Log. de 41 = 1.61

Log. de 42 = 1.62

Log. de 43 = 1.63

Log. de 44 = 1.64

Log. de 45 = 1.65

Log. de 46 = 1.66

Log. de 47 = 1.67

Log. de 48 = 1.68

Log. de 49 = 1.69

Log. de 50 = 1.69

Log. de 51 = 1.70

Log. de 52 = 1.71

Log. de 53 = 1.72

Log. de 54 = 1.73

Log. de 55 = 1.74

Log. de 56 = 1.74

Log. de 57 = 1.75

Log. de 58 = 1.76

Log. de 59 = 1.77

Log. de 60 = 1.77

Log. de 61 = 1.78

Log. de 62 = 1.79

Log. de 63 = 1.80

Log. de 64 = 1.80

Log. de 65 = 1.81

Log. de 66 = 1.81

Log. de 67 = 1.82

Log. de 68 = 1.83

Log. de 69 = 1.83

Log. de 70 = 1.84

Log. de 71 = 1.85

Log. de 72 = 1.85

Log. de 73 = 1.86

Log. de 74 = 1.86

Log. de 75 = 1.87

Log. de 76 = 1.88

Log. de 77 = 1.88

Log. de 78 = 1.89

Log. de 79 = 1.89

Log. de 80 = 1.90

Log. de 81 = 1.90

Log. de 82 = 1.91

Log. de 83 = 1.91

Log. de 84 = 1.92

Log. de 85 = 1.92

Log. de 86 = 1.93

Log. de 87 = 1.93

Log. de 88 = 1.94

Log. de 89 = 1.94

Log. de 90 = 1.95

Log. de 91 = 1.95

Log. de 92 = 1.96

Log. de 93 = 1.96

Log. de 94 = 1.97

Log. de 95 = 1.97

Log. de 96 = 1.98

Log. de 97 = 1.98

Log. de 98 = 1.99

Log. de 99 = 1.99

En logaritmos hay una división de términos. La primera parte de estos términos es la entera, que en la tabla se llama característica y está colocada a la izquierda, antes del punto, y la segunda después del punto, a la derecha y en la parte decimal, que se llama mantisa.

Por ejemplo, en el logaritmo de: 29, el resultado es 1.46.

Uno es la característica y 46 es la mantisa, o parte decimal. Lo anterior, para que nos entendamos, y creo que vamos a entendernos por dos razones: primera, porque yo sé que los lectores que me han seguido hasta el momento son personas inteligentes.

Y, segunda, porque los términos matemáticos que estamos usando están al alcance de cualquier persona que estudie matemáticas.

Vamos a hablar de ejemplos de tres dígitos en relación con la disciplina de los logaritmos.

El ejemplo es 171.

Bien. Para sacar la característica, o número entero, encontramos que 171 es de tres dígitos, y si le restamos uno, nos queda el número dos, por cuanto tres dígitos menos un dígito = 2 dígitos. Entonces, la característica o número entero de 171 es el número 2. Vamos ahora en busca de la mantisa. Tomamos las dos primeras cifras de 171, que es 17. De acuerdo con la tabla, averiguamos la mantisa de 17 que es = .23. Luego el logaritmo de:

$$171 \text{ es} = 2.23$$

Los cuatro dígitos también están dominados por nosotros, y para comprobarlo les propongo el siguiente ejercicio:

$$\text{Log. de } 2.801$$

La característica será irremediablemente 3. La mantisa se sacará de las dos primeras cifras del número dado. O sea: número dado 2.801. En la tabla, la mantisa de 28 es = .44. Luego logaritmo de:

$$2.801 = 3.44$$

Los compañeros que me han seguido hasta el momento en esta fascinante aventura de los números con toda seguridad ya me "cogieron la pita", como se dice popularmente. Y por iniciativa propia son capaces de trabajar con cinco, seis, siete, ocho, nueve o diez dígitos, etc., hasta veinte mil, un millón y así, de manera infinita.

Pero como el tiempo es corto, vamos a acometer ejercicios solamente con cinco, diez y catorce dígitos. (Es en serio, señores, y se lo voy a comprobar).

Ejercicio con cinco dígitos. Propongo 73.245. Característica = 4. Para conocer la mantisa, tomamos las dos primeras del número propuesto.

En la tabla, la mantisa de 73 es = 86. Entonces, logaritmo de:

$$73.245 = 4.86$$

Ahora viene el experimento con 10 dígitos. Yo propongo el número:

$$6.314.892.716$$

La característica de este número es igual a 9. Busquemos la mantisa. En la tabla,

$$63 = .80$$

Luego logaritmo de 6.314.892.716 = 9.80.

Viene luego la experiencia con 14 dígitos:

$$96.278.956.214.238$$

Característica = 13. Buscamos la mantisa de 96, que en la tabla = .98. Luego el logaritmo es 13.98.

TRABAJEMOS CON FUNCIONES...

Los alumnos que han seguido hasta ahora el libro ya tienen en su poder mental un sistema de nemotecnia; una manera de conocer raíces cuadradas; otra para las raíces cúbicas, y dominan también los logaritmos con toda la fascinante posibilidad de millones y millones. 

Vamos a entrar ahora en el campo de las funciones trigonométricas. Yo considero que quienes me hayan acompañado saben qué es una función trigonométrica, y no me parece necesario entrar a explicar qué es esto.

Trabajaremos entonces con las más usuales, cuales son seno, coseno, tangente y cotangente. Como en algunos de los capítulos anteriores, recurrimos a la memoria asociativa, pero si cualquier persona posee ya una memoria natural, el aprendizaje se facilitará de manera extraordinaria.

En primer término, les presento la tabla del seno. Los resultados se consignarán sólo con dos decimales. Pero es necesario advertir que la iniciativa personal les permitirá averiguar de ahí en adelante 3, 4, 5, 6, 10 o más decimales.

Tabla para funciones trigonométricas con dos decimales, para seno

1º = 0.01

2º = 0.03

3º = 0.05

4º = 0.06

5º = 0.08

6º = 0.10

7º = 0.12

8º = 0.13

9º = 0.15

10º = 0.17

11º = 0.19

12º = 0.20

13º = 0.22

14º = 0.24

15º = 0.25

16º = 0.27

$$17º = 0.29$$
$$18º = 0.30$$
$$19º = 0.32$$
$$20º = 0.34$$
$$21º = 0.35$$
$$22º = 0.37$$
$$23º = 0.39$$
$$24º = 0.40$$
$$25º = 0.42$$
$$26º = 0.43$$
$$27º = 0.45$$
$$28º = 0.46$$
$$29º = 0.48$$
$$30º = 0.50$$
$$31º = 0.51$$
$$32º = 0.52$$
$$33º = 0.54$$
$$34º = 0.55$$
$$35º = 0.57$$
$$36º = 0.58$$
$$37º = 0.60$$
$$38º = 0.61$$
$$39º = 0.62$$
$$40º = 0.64$$

41º = 0.65

42º = 0.66

43º = 0.68

44º = 0.69

45º = 0.70

46º = 0.71

47º = 0.73

48º = 0.74

49º = 0.75

50º = 0.76

51º = 0.77

52º = 0.78

53º = 0.79

54º = 0.80

55º = 0.81

56º = 0.82

57º = 0.83

58º = 0.84

59º = 0.85

60º = 0.86

61º = 0.87

62º = 0.88

63º = 0.89

64º = 0.89

$$65° = 0.90$$
$$66° = 0.91$$
$$67° = 0.92$$
$$68° = 0.92$$
$$69° = 0.93$$
$$70° = 0.93$$
$$71° = 0.94$$
$$72° = 0.95$$
$$73° = 0.95$$
$$74° = 0.96$$
$$75° = 0.96$$
$$76° = 0.97$$
$$77° = 0.97$$
$$78° = 0.97$$
$$79° = 0.98$$
$$80° = 0.98$$
$$81° = 0.98$$
$$82° = 0.99$$
$$83° = 0.99$$
$$84° = 0.99$$
$$85° = 0.99$$
$$86° = 0.99$$
$$87° = 0.99$$
$$88° = 0.99$$

$$89° = 0.99$$
$$90° = 1$$

Para facilitar todo este aprendizaje yo recurro a explicarles la mejor manera de utilizar el sistema de nemotecnia que conforma la primera parte de este libro. Como en funciones trigonométricas los grados de más frecuente utilización son 30°, 45°, 60°, 90°, 180° y 270°, trabajaremos sobre esos números.

Las demás posibilidades que se presenten deben ser trabajadas de acuerdo con las enseñanzas nemotécnicas que ya deben estar dentro del completo dominio de los estudiantes.

Tabla de senos de 30°, 45°, 60°, 90°, 180° y 270°.

Seno de 30° = 0.5

Seno de 45° = 0.70

Seno de 60° = 0.86

Seno de 90° = 1

Seno de 180 = 0

Seno de 270 = -1

La aplicación de la nemotecnia al aprendizaje de los senos es exactamente la misma en cuanto a las demás disciplinas que les he enseñado. Pero para mayor claridad les diré: para memorizar seno de 30° = 0.5 debe ser memorizado así: 30 es = TORO y

queda 5 = OSO. Vamos a hacer una historia fantástica con TORO y OSO. Veo un TORO abrazando a un OSO.

Vamos a memorizar la técnica del seno de 45. De acuerdo con la tabla, 45 = CASA, y 70 = MORA. Entonces CASA= MORA y sale esta historia: En mi CASA está el atleta Víctor MORA, entrenándose para ganar un título mundial.

Siguen los 60 grados. 60 es = 0.86 en la tabla, y en palabras de nemotecnia = LORO. Para recordar el valor de 60 grados = LORO, y 86 en la tabla =CHILE, tenemos 60 = LORO y 86 = CHILE. La historia es: A un LORO parlanchín, lo vemos gritando viva CHILE.

Vamos a los 90 grados: el 90 es AVARO. La equivalencia en la tabla es 1 = NOÉ. Para recordarlo, hacemos esta historia: Hay un AVARO pirata tuerto con ojo de parche que se quiere apoderar del arca de NOÉ.

Lo que sigue son 180 grados. 1, 8 y 0, son NOÉ, HACHA Y ARO. Buscamos una palabra con N, CH y R y esta es NO-CHERO = 180. Veo una mesa de noche o nochero hecha de puros aros.

Sigue ahora 270 grados. Es decir, seno de 270 grados. Buscamos una palabra que tenga las iniciales D (dúo), M (amo) y R (aro). Puede ser DAMERO (tablero en el que se juega a las damas). Valor matemático: -1 = NOÉ. Vemos en la historia truculenta un DAMERO con un signo - en hombros de NOÉ.

Si le dicen a usted: cuál es el seno de 30 grados, sabrá que es 0.5 porque recordó la historia en que un toro abrazaba a un oso; si de 45º = 0.70, porque en su casa estaba entrenando Víctor Mora; si de 60, porque un loro gritaba "Viva Chile". Si de 90, porque un avaro se quería robar el arca de Noé, si de 180, se supo que el nochero estaba hecho de aros; 270, porque el damero con el signo menos es cargado por Noé.

Función coseno

De la manera más sencilla y práctica, quienes hayan seguido las clases, saben cómo calcular el seno de cualquier número dado, por medio de la tabla que ya debe estar en la memoria del estudiante. Vamos a arrancar para el cálculo mental del coseno, y a propósito les tengo una buena noticia. Esta noticia es que para el cálculo mental de coseno, se utiliza la misma tabla que nos sirve para averiguar el seno.

Se trata solamente de unas sencillas instrucciones para utilizar aquella tabla. La mejor manera de dar esas instrucciones es por medio de ejemplos y ejercicios prácticos.

Digamos que queremos saber el coseno de 30 grados. Para el coseno ustedes ya conocen el "número mágico", que es 90. Pues bien, restamos 30º a 90º = 60º. El coseno de 30 grados es igual al seno de 60º, y de acuerdo con la tabla, seno de 60º = 0.86. Entonces, coseno de 30º = 0.86.

Para una mejor fijación, les explico que el cálculo del coseno consiste en tres pasos: primero: restamos el número propuesto al número 90. Segundo: utilizamos la diferencia, que es igual al seno. Tercero: Buscamos la equivalencia del seno en la tabla, y eso nos da el coseno.

Pero yo no quiero dejarles lagunas ni vacíos, y por eso voy a insistir con otros ejercicios. Para el caso, el número 37. Diferencia entre 37º y 90º = 53º. Seno de 53º = 0.79, de acuerdo con la tabla. Luego coseno de 37º = 0.79.

Y ahora va otro. Propongo 72º. Diferencia de 72º a 90º = 18º. Valor seno en la tabla para 18º = 0.30. Luego coseno de 72 = 0.30.

Como dicen por ahí, más claro no canta un gallo...

Los estudiantes, a estas alturas de curso, tienen un reparo y están diciendo con absoluta seguridad que al profesor se le olvidó una parte de la enseñanza, porque solamente hizo unas pocas historias. Debo decirles que esto fue premeditado, con el fin

de facilitarles el aprendizaje con un número reducido de ejemplos. Pero como yo sé que ustedes van a necesitar la totalidad de los ejemplos, paso ahora a entregárselos. Les explico que no hubo omisión, sino que todo fue el producto de la aplicación, por mi parte, de un sistema más didáctico en el que les facilité el aprendizaje. Pero de aquí en adelante ya todo lo tendrán en sus manos.

Les voy a suministrar tres cosas en la tabla.

Primera: el número cronológico; segunda: su valor en la tabla; tercera: su equivalencia en palabra clave. La construcción de la historia truculenta corre por cuenta del estudiante, de acuerdo con los incontables ejemplos que ya les expuse a lo largo del libro. Sin embargo, para facilitar la comprensión, voy a darles dos ejemplos.

Ejemplo 1: Número cronológico 1, valor de 1 en la tabla, 0.01. (0.01 = RANA); equivalencia en palabra clave: NOÉ. y NOÉ = RANA, nos da esta historia: NOÉ sólo llevaba RANAS en el arca, cuando el diluvio universal.

Ejemplo 2: número cronológico, 9. Valor de 9 en la tabla, 0.15; palabra clave de 2, AVE, y de 0.15, ANÍS.

Historia: Vemos una gallina gigantesca que se encuentra ebria y lleva en su pata derecha una botella de anís.

Como los ejemplos son tan claros, paso enseguida a proporcionales la tabla, que comprende. 1: número cronológico; 2: equivalencia en la tabla; y 3: palabra clave, de acuerdo a la equivalencia.

1	0.01	NOÉ - RANA
2	0.03	DÚO - RATA
3	0.05	TÍA - ROSA
4	0.06	ICA - RULO
5	0.08	OSO - ROCHA
6	0.10	OLA - NORA
7	0.12	AMO - NIDO
8	0.13	HACHA - NATA
9	0.15	AVE - ANÍS
10	0.17	NORA - ANIMA

11	0.19	NENE - NUBE
12	0.20	NIDO - DORA
13	0.22	NATA - DEDO
14	0.24	NUCA - DECA
15	0.25	ANÍS - DAS
16	0.27	NILO - DAMA
17	0.29	ANIMA - ADOBE
18	0.30	NICHO - TORO
19	0.32	NUBE - ATADO
20	0.34	DORA - TACO
21	0.35	DANE - TOS
22	0.37	DEDO - TOMO
23	0.39	DIETA - TUBO
24	0.40	DECA - CORO
25	0.42	DAS - CODO
26	0.43	DELIO - COTO
27	0.45	DAMA - CASA
28	0.46	DUCHA - COLA
29	0.48	ADOBE - CACHO
30	0.5	TORO - OSO
31	0.51	TINA - SENO
32	0.52	ATADO - SODA
33	0.54	TITO - SACO
34	0.55	TACO - SOSO

35	0.57	TOS - SAM
36	0.58	TELA - SOACHA
37	0.60	TOMO - LORO
38	0.61	TECHO - LANA
39	0.62	TUBO - LIDO
40	0.64	CORO - LOCO
41	0.65	CONO - LOSA
42	0.66	CODO - LULO
43	0.68	COTO - LUCHO
44	0.69	COCO - LOBO
45	0.70	CASA - MORA
46	0.71	COLA - MINA
47	0.73	CAMA - MOTO
48	0.74	CACHO - MICO
49	0.75	CUBO - MESA
50	0.76	SOR - MULA
51	0.77	SENO - MAMA
52	0.78	SODA - MECHA
53	0.79	SOTA - AMIBA
54	0.80	SACO - CHORO
55	0.81	SOSO - CHINO
56	0.82	SALA - ECHADO
57	0.83	SAM - CHATO
58	0.84	SOACHA - CHOCO

59	0.85	SABIO - A…CHIS…
60	0.86	LORO - CHILE
61	0.87	LANA - CHEMA
62	0.88	LIDO - CHICHA
63	0.89	LOTE - CHAVO
64	0.89	LOCO - CHAVO
65	0.90	LOSA - AVARO
66	0.91	LULO - VINO
67	0.92	LIMA - BUDA
68	0.92	LUCHO - BUDA
69	0.93	LOBO - BATE
70	0.93	MORA - BATE
71	0.94	MINA - VACA
72	0.95	MUDO - VASO
73	0.95	MOTO - VASO
74	0.96	MICO - BOLA
75	0.96	MESA - BOLA
76	0.97	MULA - IBM
77	0.97	MAMA - IBM
78	0.97	MECHA - IBM
79	0.98	AMIBA - BUCHE
80	0.98	CHORO - BUCHE
81	0.98	CHINO - BUCHE
82	0.99	ECHADO - BOBO

83	0.99	CHATO - BOBO
84	0.99	CHOCO - BOBO
85	0.99	A...CHIS... - BOBO
86	0.99	CHILE - BOBO
87	0.99	CHEMA - BOBO
88	0.99	CHIMA - BOBO
89	0.99	CHAVO - BOBO
90	1	AVARO - NOÉ

Tangentes y cotangentes

Los tangentes y cotangentes tienen un tratamiento similar en el cálculo mental. Sin embargo, las equivalencias son diferentes. Las palabras claves, obviamente, son las mismas que ya están aprendidas en el curso de nemotecnia. De todas maneras, para facilitar el aprendizaje y la fijación, les presentaré los cuadros completos en tres columnas, tal como hice con el aprendizaje del número cronológico, equivalencia en la tabla y palabras claves en el caso de senos y cosenos.

He aquí la tabla de tangentes:

1º	0.01	NOÉ - RANA
2º	0.03	DÚO - RATA
3º	0.05	TÍA - ROSA
4º	0.06	ICA - RULO
5º	0.08	OSO - ROCHA
6º	0.10	OLA - NORA
7º	0.12	AMO - NIDO
8º	0.14	HACHA - NUCA
9º	0.15	AVE - ANÍS
10º	0.17	NORA - ANIMA

11º	0.19	NENE - NUBE
12º	0.21	NIDO - DANE
13º	0.23	NATA - DIETA
14º	0.24	NUCA - DECA
15º	0.26	ANÍS - DELIO
16º	0.28	NILO - DUCHA
17º	0.30	ANIMA - TORO
18º	0.32	NICHO - ATADO
19º	0.34	NUBE - TACO
20º	0.36	DORA - TELA
21º	0.38	DANE - TECHO
22º	0.40	DEDO - CORO
23º	0.42	DIETA - CODO
24º	0.44	DECA - COCO
25º	0.46	DAS - COLA
26º	0.48	DELIO - CACHO
27º	0.50	DAMA - SOR
28º	0.53	DUCHA - SOTA
29º	0.55	ADOBE - SOSO
30º	0.57	TORO - SAM
31º	0.60	TINA - LORO
32º	0.62	ATADO - LIDO
33º	0.64	TITO - LOCO
34º	0.67	TACO - LIMA

35º	0.70	TOS - MORA
36º	0.72	TELA - MUDO
37º	0.75	TOMO - MESA
38º	0.78	TECHO - MECHA
39º	0.80	TUBO - CHORO
40º	0.83	CORA - CHATO
41º	0.86	CONO - CHILE
42º	0.90	CODO - AVARO
43º	0.93	COTO - BATE
44º	0.95	COCO - VASO
45º	1	CASA - NOÉ
46º	1.03	COLA - NOÉ - RATA
47º	1.07	CAMA - NOÉ - RAMO
48º	1.11	CACHO - NOÉ - NENE
49º	1.15	CUBO - NOÉ - ANÍS
50º	1.19	SOR - NOÉ - NUBE
51º	1.23	SENO - NOÉ - DIETA
52º	1.27	SODA - NOÉ - DAMA
53º	1.32	SOTA - NOÉ - ATADO
54º	1.37	SACO - NOÉ - TOMO
55º	1.42	SOSO - NOÉ - CODO
56º	1.48	SALA - NOÉ - CACHO
57º	1.53	SAM - NOÉ - SOTA
58º	1.60	SOACHA - NOÉ - LORO

59º	1.66	SABIO - NOÉ - LULO
60º	1.73	LORO - NOÉ - MOTO
61º	1.80	LANA - NOÉ - CHORA
62º	1.88	LIDO - NOÉ - CHICHA
63º	1.96	LOTE - NOÉ - BOLA
64º	2.05	LOCO - DÚO - ROSA
65º	2.14	LOSA - DÚO - NUCA
66º	2.24	LULO - DÚO - NUCA
67º	2.35	LIMA - DÚO -TOS
68º	2.47	LUCHO - DÚO - CAMA
69º	2.60	LOBO - DÚO - LORO
70º	2.74	MORA - DÚO - MICO
71º	2.90	MINA - DIJO - AVARO
72º	3.07	MUDO - TÍA - RAMO
73º	3.27	MOTO - TÍA - DAMA
74º	3.48	MICO - TÍA - CACHO
75º	3.73	MESA - TÍA - MOTO
76º	4.01	MULA - ICA - RANA
77º	4.33	MAMA - ICA - TITO
78º	4.70	MECHA - ICA - MORA
79º	5.14	AMIBA - OSO - NUCA
80º	5.67	CHORO - OSO - LIMA
81º	6.31	CHINO - OLA - TINA
82º	7.11	ECHADO - AMO - NENE

83º	8.14	CHATO - HACHA - NUCA
84º	9.51	CHOCO - AVE - SENO
85º	11.43	A…CHIS - NENE - COTO
86º	14.30	CHILE - NUCA - TORO
87º	19.08	CHEMA - NUBE - ROCHA
88º	28.63	CHICHA - DUCHA - LOTE
89º	57.28	CHAVO - SAM - DUCHA
90º	Infinito	AVARO - INF - INF

Una vez memorizados estos cuadros, estamos en condiciones de iniciar ejercicios para calcular mentalmente tangentes y cotangentes. Para las tangentes procedemos así: En tangentes, las operaciones más usuales se realizan sobre los números 30, 45, 90, 180 y 270 grados. Pues bien. Para calcular 30 grados, hacemos esta historia: 30 =TORO; equivalencia de 30 en la tabla, 0.57. y equivalencia de 0.57 en palabras claves = SAM. Luego para recordar que tangente de 30º = 0,57, hacemos esta historia: Un toro furioso corre a gran velocidad, coge impulso, y cuando se eleva, se convierte en un avión de SAM.

Quiero recordarles que la historia es asunto de cada uno y puede establecer variantes de acuerdo con su criterio. Mi historia no es más que una orientación.

Busquemos ahora la tangente de 45. Este número es, en palabras claves, igual a CASA. El equivalente de 45 en la tabla es igual a 1, o sea, NOÉ. La historia es: Veo simplemente una gigantesca CASA que es transportada en el arca de NOÉ. Luego 45º = 1, y esto con la ayuda de esta pequeña historia. Tangente de 60º, ahora. 60 = LORO. Equivalente de 60 en la tabla, 1.73, o sea, en palabras claves NOÉ, MOTO. Entonces hay que hacer la historia con

LORO, NOÉ y MOTO. Sería así: Un LORO, grandísimo, del tamaño de un águila, pregona con alaridos la llegada de NOÉ, que debe arribar en una MOTO. Sigue como ejercicio tangente de 90º. Noventa en palabra-clave = AVARO. Equivalencia de 90 en la tabla = INFINITO. Tenemos entonces la historia de un AVARO que va a ser por los siglos de los siglos. Para avanzar en este cálculo mental tomaremos ahora el correspondiente a 180 grados. Palabra clave de 180 0 NOCHERO. (Equivalencia de 180 = 0). Cero es ARO. Luego la historia podría ser: Un NOCHERO o mesa de noche, fabricado a base

de AROS. Y finalmente, 270. Palabras claves de 270 = DAMERO. Equivalencia, en la tabla, INFINITA, luego la historia es: Juego yo en un DAMERO de madera INFINITA, por los siglos de los siglos. Ya aprendieron todo lo necesario para calcular tangente.

Como ahora toca el cálculo de cotangentes, es necesario solamente esta sencilla explicación. Si nos solicitan la cotangente de 15. por ejemplo, restamos 15º a 90º, lo que nos da = 75º y 75° en equivalencia de tabla de las tangentes es = 3.73. Luego con tangente de 15° es = 3.73. Creo que no se necesitan mayores explicaciones en cuanto a cotangentes, y que todo depende de ahora en adelante de la iniciativa personal.

FACTORIALES...

Eso de buscar factoriales es para los estudiantes una tarea muy fatigosa y de increíble esfuerzo. Multiplicar un número por su inmediatamente inferior hasta el principio ha sido causa de desaliento para estudiantes de primaria, de bachillerato y aun de universidad. Pero mi método de cálculo mental le evita al estudiante este tipo de operaciones. Y no solamente al estudiante común y corriente de matemáticas o de bachillerato, sino a aquellos especializados en el aprendizaje de materias como cálculo de probabilidades. Como en el estudio de seno, coseno, tangente y cotangente, el aprendizaje de la tabla que les presento enseguida se basa también en el curso de nemotecnia que hicimos al principio del libro. Va pues aquí esa tabla:

0 = 1	ARO - NOÉ	
1 = 1	NOÉ - NOÉ	
2 = 2	DÚO - DÚO	
3 = 6	TÍA - OLA	
4 = 24	ICA - DECA	
5 = 120	OSO - NIDO - ARO	
6 = 720	OLA - MUDO - ARO	
7 = 5040	AMO - SOR - CORO	

8 = 40320   HACHA - CORO - ATADO - ARO

9 = 362880   AVE - TELA - DUCHA - CHORO

10 = 3628800   NORA -TELA -DUCHA- CHORO - ARO

11 = 39916800 NENE -TUBO -VINO - LUCHO - ARAR

12 = 4.790,8   NIDO - ICA -AMIBA - ARO - HACHA

13 = 6.227,9   NATA - OLA - DEDO - AMO - AVE

14 = 8.717,10 NUCA - HACHA - MINA - AMO - NORA

15 = 1.307,12 ANÍS - NOÉ - TORO - AMO - NIDO

16 = 2.092,13 NILO - DÚO - RUBIA - DÚO - NATA

17 = 3.556,14 AMIBA - TÍA - SOSO - OLA - NUCA

18 = 6.402,15 NICHO - OLA - CORO - DÚO - ANÍS

19 = 1.216,17 NUBE - NOÉ - DANE - OLA - ANIMA

20 = 2.432,18 DORA - DÚO - COTO - DÚO - NICHO

21 = 5.109,19 DANE - OSO - NORA - AVE - NUBE

22 = 1.124,21 DEDO - NOÉ - NIDO - ICA - DANE

23 = 5.585,22 DIETA - OSO - SOACHA - OSO - DEDO

24 = 6.204,23 DECA- OLA- DORA - ICA - DIETA

25 = 1.551,25 DAS - NOÉ - SOSO - NOÉ - DAS

26 = 4.032,26 DELIO - ICA - RATA - DÚO - DELIO

27 = 1.088,28 DAMA-NOÉ -ROCHA-HACHA-DUCHA

28 = 3.048,29 DUCHA-TÍA-ROCA-HACHA-ADOBE

29 = 8.841,30 ADOBE HACHA CHOCO NOÉ -TORO

30 = 2.652,32 TORO - DÚO - LOZA - DÚO - ATADO

31 = 8.222,33 TINA - HACHA - DEDO - DÚO - TITO

32 = 2.631,35 ATADO - DÚO - LOTE - NOÉ - TOS

33 = 8.683,36 TITO - HACHA - LUCHO - TÍA - ELA

34 = 2.952,38 TACO - DÚO - VASO - DÚO - TECHO

35 = 1.033,40 TOS - NOÉ - RATA - TÍA - CORO

36 = 3.719,41 TELA - TÍA - MINA - AVE - CONO

37 = 1.376,43 TOMO - NOÉ - TOMO - OLA - COTO

38 = 5.230,44 TECHO - OSO - DIETA - ARO - COCO

39 = 1.039,46 TUBO - NOÉ - ROCA - AVE - COLA

40 = 8.159,47 CORA - HACHA - ANÍS - AVE - CAMA

41 = 3.345,49 CONO - TÍA - TACO - OSO - CUBO

42 = 1.405,51 CODO - NOÉ - CORO - OSO - SENO

43 = 6.041,25 COTO - OLA - ROCA - NOÉ - DAS

44 = 2.658,54 COCO - DÚO - LOSA - HACHA - SACO

45 = 1.196,56 CASA - NOÉ - BOLA - SAL

46 = 5.502,57 COLA - OSO - SOR - SAM

47 = 2.586,59 CAMA - DÚO - SOACHA - OLA - SABIO

48 = 1.241,61 CACHO - NOÉ - DECA - NOÉ - LANA

49 = 6.082,62 CUBO - OLA - ROCHA - DÚO - LIDO

50 = 3.041,74 SOR - TÍA - ROCA - NOÉ - MICO

51 = 1.551,66 SENO - NOÉ - SOSO - NOÉ - LULO

52 = 8.065,67 SODA - HACHA - RULO - OSO - LIMA

53 = 4.274,69 SOTA - ICA - DAMA - ICA - LOBO

54 = 2.308,71 SACO - DÚO - TORO - HACHA - MINA

55 = 1.269,71 SOSO - NOÉ - DELIO - AVE - MOTO

56 = 7.109,74 SALA - AMO - NORA - AVE - ICA

57 = 4.052,76 SAM - ICA - ROSA - DÚO - MULA

58 = 2.350,78 SOACHA - DÚO - TOS - ARO - MECHA

59 = 1.386,80 SABIO - NOÉ - TECHO - OLA - CHORO

60 = 8.320,81 LORO -HACHA -ATADO -ARO -CHINO

61 = 5.075,83 LANA - OSO - RAMO - OSO - CHATO

62 = 3.146,85 LIDO - TÍA - NUCA - OLA - A...CHIS

63 = 1.982,87 LOTE - NOÉ - BUCHE - DÚO - CHEMA

64 = 1.168,89 LOCO - NOÉ - NILO - HACHA- CHAVO

65 = 8.247,90 LOSA - HACHA- TACO - AMO - AVARO

66 = 5.443,92 LULO - OSO - TITO - TÍA - BUDA

67 = 3.647,98 LIMA - TÍA - LOCO - AMO - BUCHE

68 = 2.480,96 LUCHO - DÚO - CACHO - ARO - BOLA

69 = 1.711,98 LOBO - NOÉ - MINA - NOÉ – BUCHE

Los estudiantes que han tenido el valor y la constancia de acompañarnos hasta este momento, tienen ya en sus manos todo el conocimiento necesario para haberse convertido, o estar en camino de serlo, en "computadoras humanas". Estamos a punto de despedirnos, pero no para siempre, sino solamente hasta luego. Porque a partir de este libro habrá otros que me propongo escribir. Yo creo no es justo que todo este conocimiento se limite nada más al cálculo mental de disciplinas matemáticas. Podemos aplicarlo a otras disciplinas. Por ejemplo, les ofrezco unos libros que ya tengo preparados para utilizar la nemotecnia en campos como el aprendizaje de la historia, de la geografía, de la química, de la física, del idioma. Ustedes saben que lo que digo es cierto y que no los he engañado. Mucho menos podré engañarlos de ahora en adelante, en este momento en el que ya hemos recorrido juntos los fascinantes caminos de las matemáticas. Para ocasiones posteriores los invito a inigualables aventuras en las disciplinas que ya les he mencionado. Pero por ahora, y en esta clase de despedida provisional, voy a darles unos ejemplos para aplicar nuestras ya famosas historias nemotécnicas al campo de los factoriales: Principiemos, de acuerdo con la tabla recién aprendida del 1 al 69, con los siguientes ejemplos: Busquemos el factorial de 9: le corresponde 362880.

Si necesitamos este factorial, tenemos que: AVE, porque 9 = AVE; y ya en el número: 36 = TELA; 28 = DUCHA; 80 = CHORO. La historia sería: 9, AVE; una Gallina hecha de tela, que se baña debajo de una DUCHA; pero en determinado momento llega un CHORO (ladrón) y se roba todo. Escojamos ahora un factorial más alto, digamos 36. Equivalencia de 36 en la tabla, TELA; Número correspondiente, 3.719,41. Entonces, si ya tenemos TELA, lo que sigue es: 3. = TÍA; 71 = MINA; 9, = AVE; 41 = CONO.

Y viene la fábula: un enorme rollo de tela que venden en el Tía, en un mostrador atendido por el deportista MINA, que cambia al público su mercancía por AVES y CONOS. Busquemos ahora otro factorial más alto: POR EJEMPLO, 57. Valor de

57 en la tabla, SAM. Equivalencia en el número, 4.052,76. Valor de 4 = ICA; valor de 05 = ROSA; valor de 2, DÚO; valor de 76 = MULA. Historia: En un avión de SAM viaja el gerente del ICA, que lleva como mercancías un cargamento de ROSAS para obsequiarlo al DÚO de Emeterio y Felipe, pero las rosas se las come una MULA. Explicación final: para facilitar la manera como descomponemos las series de números es necesario decirles a ustedes: En el caso correspondiente

al factorial de 9, esta es la situación: Número correspondiente, 362880, que lo descompusimos 36 - 28 - 80. Y nos dio, por 36 = TELA; por 28 = DUCHA; y por 80 = CHORO. Queda claro. En el caso del último ejemplo, factorial de 57 se descompuso así: 57 igual en la tabla, SAM; y del número, así: equivalencia 4.052,76 = 4. ICA; 05 = ROSA; 2 = DÚO; 76 = MULA.

Creo que la descomposición por dígitos y dígitos, queda explicada. Habrán notado que hay dígitos con número-punto y número-coma. Pues bien: el punto nos indica la parte entera; pero en factoriales, la coma es igual al x 10 a la TANTO, que en caso de la factorial 57, es x 10 a la 76, de acuerdo con la

tabla que ya hemos memorizado. El aprendizaje de las tablas y la aplicación de las mismas al cálculo mental de todas las operaciones que les he enseñado, los tiene a ustedes ahora en condiciones de realizar toda clase de operaciones, tal como lo hemos demostrado a lo largo del libro.

Ahora bien: posiblemente algunos de ustedes no tenga el tiempo ni la disciplina suficiente para la memorización total de todas las enseñanzas. Si este es el caso, no han perdido absolutamente nada al recorrer este libro que les enseña de manera tan sencilla a convertirse en computadoras humanas.

¿Y eso es por qué? Sencillamente porque el sólo hecho de conocer el sistema y tener a su disposición las tablas, les permite hacer los cálculos con sólo consultarlas, así no hayan memorizado. Entonces: felicitaciones, adelante y suerte...

Técnicas de estudio antes de estudiar

1. Considerar el estudio como uno de los medios más importantes de desarrollo personal

2. Elaborar un plan de acción adecuado para conseguir lo que me propongo

3. Intentar resolver lo que me propongo, después de haberlo analizado y seleccionado la solución más adecuada.

4. Al no poder resolver lo que me propongo tengo que parar y analizar en qué he fallado para evitar caer en lo mismo en próximas actuaciones.

5. Conocer cuáles han sido mis actuaciones positivas y las que necesito mejorar.

6. Enfrentarme a las situaciones diversas con actitud positiva.

7. Mi lugar de estudio ha de ser agradable y tranquilo.

8. Antes de empezar a estudiar, ordenar el material.

9. Al ponerme a estudiar, señalar previamente el tiempo que voy a disponer.

10. Distribuir las actividades a realizar.

11. Programar las actividades semanalmente.

12. Preguntar en clase, para aclarar dudas.

13. Ayudar a los compañeros, aclarando lo que no entienden, colaborando en equipo. etc.

14. Tomar apuntes durante las clases.

15.Los apuntes tomados que me sirvan para mi estudio personal.

16. Ordenar y archivar los apuntes por materias y días.

17. Antes de asistir a clase realizar una prelectura del tema a explicar.

Durante el estudio

1. Al estudiar, hacer breves descansos al cambiar de actividad.

2. Si trato en distraerme realizar ejercicios de relajación-concentración.

3. Al estudiar un tema darle un vistazo previo para tener una idea de conjunto.

4. Posteriormente leer el tema haciendo anotaciones al margen.

5. Utilizar el diccionario para aclarar el significado de algunas palabras.

6. Al estudiar un tema subrayar sólo palabras que encierran ideas, es decir, palabras claves.

7. En el subrayado, diferenciar la importancia de las ideas (color, líneas...)

8. Hacer un esquema de los temas que he estudiado.

9. Hacer un resumen del tema o un cuadro sinóptico.

10. Comprobar que está todo bien, que no falta nada importante, en el resumen o en el cuadro sinóptico.

11. Memorizar el tema a partir del esquema, resumen o cuadro sinóptico.

12. Utilizar alguna técnica específica de memorización.

13. Programar los repasos, al terminar de estudiar un tema.

14. Utilizar el fichero de estudio en alguna materia.

DESPUÉS DEL ESTUDIO

1. Al terminar cualquier actividad del estudio, valorar como lo he hecho.

2. Después de realizar una actividad satisfactoriamente, premiarme por el éxito obtenido.

3. Al no conseguir un objetivo propuesto, no desanimarme, sino analizar sus fallos y sus causas.

4. Al realizar un examen en clase, leer detenidamente todas las preguntas antes de contestar.

5. Contestar las preguntas progresivamente empezando por las que mejor me sé.

6. Revisar las pruebas realizadas antes de entregarlas.

7. Al no estar de acuerdo con alguna calificación aclarar con el profesor el por qué de la misma.

8. Antes de un examen o control, procurar enterarme lo antes posible del tipo de prueba, fecha y hora de la misma.

9. Realizar ejercicios de relajación-concentración antes de una prueba para estar en mejores condiciones.

10. Prestar atención a la forma de realización de la prueba
(letra, ortografía...)

CEREBRO COLOMBIANO

Una de las entrevistas efectuadas por el diario EL TIEMPO al autor de esta obra. Cuando en el primer año de escuela primaria la maestra le explicó al niño Jaime García Serrano que para multiplicar por diez bastaba con agregar un cero al número señalado, se inició la carrera de un genio. "Si se puede simplificar la multiplicación por diez todas las demás operaciones también deben poderse simplificar", pensó García. Y se puso a trabajar en eso. Años después, cuando el muchachito inquieto empezó su bachillerato en el olvidado colegio de Málaga (Santander) y los logaritmos, raíces cúbicas, cuartas y enésimas se le atravesaron en los deberes de estudiante, había descubierto ya fórmulas propias que le permitían aparecer como genio de la rapidez en las operaciones, ante los asombrados compañeros que permanecían "clavados" en el pupitre, mientras García jugaba al fútbol después de haber terminado sus cálculos con ventaja considerable sobre sus condiscípulos. Jaime García se regocijaba de esos triunfos y continuaba en la búsqueda de nuevas fórmulas, secretamente, para impresionar más a sus compañeros que no se explicaban cómo García, uno de los mejores deportistas del colegio, les ganaba también en matemáticas sin siquiera tomar un lápiz en sus manos. Hoy a sus 25 años de edad, Jaime García Serrano es una verdadera computadora ambulante. En una demostración que Jaime García hizo en EL TIEMPO delante de varios ingenieros y técnicos de la sección de computadoras, el joven santandereano puso "nocaut" a los mejores equipos electrónicos de este periódico y les ganó por fracciones de segundo en la solución de los más complicados cálculos matemáticos. Jaime García, sin teatrales apariencias de alta concentración mental y en medio de su sonrisa casi ingenua, fue dando los resultados de factoriales, funciones trigonométricas, raíces enésimas, logaritmos y otros verdaderos rompecabezas numéricos. Uno de los ingenieros tuvo un pequeño acceso de risa nerviosa cuando García, casi sin dejarlo terminar al solicitarle el factorial de 69, le respondió con la velocidad de metralleta: uno, punto, setecientos once, veintidós cuarenta y cinco, por diez a la noventa y ocho...

Una fracción de segundo después, la cifra dada por García aparecía en la pantalla de la computadora. Uno de los curiosos le solicitó una multiplicación de millones por millones y García dio el resultado cifra por cifra sin equivocarse en nada.

Pero cuando terminó, advirtió que él prefería operaciones realmente difíciles... Se le solicitó entonces el seno de 85, y con la misma rapidez respondió sin vacilar: "Cero, punto, novecientos noventa y seis, diecinueve cuarenta y siete". Luego hizo lo mismo con el seno de 954: "Negativo, cero, punto, ochenta, noventa, diecisiete". La tangente de 452 también fue resuelta con la velocidad del relámpago: Negativo, veintiocho, punto, seiscientos treinta y seis, doscientos cincuenta y tres". Y la raíz cuadrada de veintisiete millones, ciento treinta y cuatro mil novecientos ochenta y siete: "Cinco mil doscientos nueve" ¿Y la raíz cúbica de quinientos veintitrés mil novecientos ochenta y siete? "Ochenta", contesta García.

Una profesión

Las condiciones, desarrolladas con base a investigación y de paciencia por García Serrano, le han servido para hacer de sus habilidades una profesión medianamente remunerativa. Hasta el momento ha dictado conferencias que él ha bautizado como de "calculismo cerebral" -sin rastros de parapsicología ni de fenómenos misteriosos- en colegios privados y oficiales de Santafé de Bogotá Cartagena, Santa Marta, Barranquilla, Medellín y otras ciudades, y en muchísimos países, entre ellos Japón, Estados Unidos, España, Alemania, México, etc. Sin embargo, el genial santandereano quiere hacerse conocer en muchas más ciudades y países, porque sabe que con ello ayudará a miles y miles de estudiantes a convertirse en "CALCULADORAS HUMANAS" y a querer las matemáticas con el máximo interés. Por eso está disponible para hacer demostraciones en colegios, institutos, universidades y empresas que se interesen por éstas disciplinas. GARCÍA SERRANO se ha presentado en los más importantes noticieros y programas de televisión, ante millones de telespectadores.

JAIME GARCÍA desea demostrarle a todo el mundo que el cerebro humano tiene posibilidades insospechadas. Pero, sobre todo, quiere que las actuales y nuevas generaciones tomen absoluto cariño a las matemáticas y que sepan desarrollar, con las mismas facilidades que él, todas las operaciones y a comprender que para el ser humano no existen barreras insalvables en éstas exactas ciencias.

Índice

Editorial LibrosEnRed

LibrosEnRed es la Editorial Digital más completa en idioma español. Desde junio de 2000 trabajamos en la edición y venta de libros digitales e impresos bajo demanda.

Nuestra misión es facilitar a todos los autores la **edición** de sus obras y ofrecer a los lectores acceso rápido y económico a libros de todo tipo.

Editamos novelas, cuentos, poesías, tesis, investigaciones, manuales, monografías y toda variedad de contenidos. Brindamos la posibilidad de **comercializar** las obras desde Internet para millones de potenciales lectores. De este modo, intentamos fortalecer la difusión de los autores que escriben en español.

Nuestro sistema de atribución de regalías permite que los autores **obtengan una ganancia 300% o 400% mayor** a la que reciben en el circuito tradicional.

Ingrese a www.librosenred.com y conozca nuestro catálogo, compuesto por cientos de títulos clásicos y de autores contemporáneos.